各类茶艺、茶叶营销、农学专业改革创新示范规划教材

茶叶品质化学

主　编　刘展良　伍锡岳
副主编　吴晓蓉　谭清华

中国商业出版社

图书在版编目(CIP)数据

茶叶品质化学/ 刘展良，伍锡岳主编. －－北京：中国商业出版社，2021.1
ISBN 978－7－5208－1341－9

Ⅰ．①茶… Ⅱ．①刘… ②伍… Ⅲ．①茶叶－食品化学－高等职业教育－教材 Ⅳ．①TS272

中国版本图书馆 CIP 数据核字（2020）第 224891 号

责任编辑：李 飞　蔡 凯

中国商业出版社出版发行
010－63180647　www.c－cbook.com
（100053　北京广安门内报国寺 1 号）
新华书店经销
炫彩（天津）印刷有限责任公司印刷

*

787 毫米×1092 毫米　16 开　10.5 印张　260 千字
2021 年 1 月第 1 版　2021 年 1 月第 1 次印刷
定价：58.00 元

* * *

（如有印装质量问题可更换）

本书编写者

主　　编　刘展良（广东科贸职业学院）
　　　　　伍锡岳（广东科贸职业学院）
副 主 编　吴晓蓉（广东科贸职业学院）
　　　　　谭清华（西双版纳茶玩恩普茶业有限公司）
编写人员　马锦霞（广东优茶大数据股份有限公司）
　　　　　陈彦峰（广东科贸职业学院）
　　　　　张瑜增（广东综观园艺有限公司）

前　言

茶叶作为与人类生活关系密切的一类食品，人们对其既熟悉又陌生。中国饮用茶已有上千年历史，茶饮在近现代更是风靡全球。茶饮究竟有什么魔力？本书力图解开这个千年之谜。本书为初次接触茶叶和茶文化者学习领悟茶叶中的主要化学成分、茶叶加工中的化学变化、影响茶叶品质的主要因素等方面知识打开了一扇大门。

同时，本书也为高职院校茶艺与茶叶营销专业学生学习茶叶生物化学基本理论和研究方法提供了合适教材，并且为该专业学生后续课程《茶叶审评技术》《茶树品种利用》《茶叶加工技术》《茶叶标准与质量安全管理》等的学习打下一定的理论基础。

本书分为概述、八个项目和学习提纲等内容。概述和项目一、项目八由刘展良编写；项目二和项目六中的一由伍锡岳编写；项目三由吴晓蓉编写；项目四由马锦霞编写。项目五由陈彦峰编写；项目六中的二、三由谭清华编写；项目七由张瑜增编写；全书由刘展良统稿。

本书在编写过程中参考了公开出版的有关文献、教材和专著，在此致以衷心的谢意！

由于专业知识和能力的局限，本书内容难免出现错误，恳请广大读者批评指正。

编者

2020 年 11 月

目 录

概述 ··· (1)
 一、茶叶生物化学的形成与茶叶品质化学的定位 ······································· (1)
 二、茶叶品质化学的内容、作用 ··· (2)
 三、茶叶生物化学的发展趋势 ·· (2)

项目一　茶叶中的化学成分及其性质 ··· (5)
 一、茶树中的水分 ··· (6)
 二、茶叶中的多酚类物质 ·· (7)
  （一）儿茶素类 ··· (7)
  （二）黄酮和黄酮醇类 ··· (8)
  （三）花青素 ··· (8)
  （四）酚酸 ··· (9)
 三、茶叶中的蛋白质和氨基酸 ·· (9)
  （一）氨基酸的种类 ··· (9)
  （二）氨基酸是氮代谢的产物 ··· (9)
  （三）氨基酸的主要性质 ··· (10)
 四、酶 ··· (10)
  （一）酶的种类 ··· (10)
  （二）酶与茶叶加工的关系 ··· (10)
  （三）制茶技术与酶 ··· (11)
 五、茶叶中的生物碱 ·· (11)
  （一）生物碱的种类 ··· (11)
  （二）主要理化性质 ··· (12)
 六、茶叶中的芳香物质 ·· (12)
 七、茶叶色素 ··· (14)
  （一）脂溶性色素 ··· (14)
  （二）水溶性色素 ··· (15)
 八、茶叶中的糖类及茶皂甙 ·· (15)

（一）糖类 …… (15)
　　（二）茶皂甙 …… (16)
九、茶叶中的维生素 …… (16)
十、茶叶中的矿物元素 …… (17)

项目二　茶树生育过程中化学成分的变化 …… (19)
一、茶籽萌发过程中化学成分的变化 …… (19)
二、茶树新梢伸育过程中化学成分的变化 …… (21)
　　（一）多酚类物质的变化 …… (22)
　　（二）含氮化合物的变化 …… (24)
　　（三）糖类化合物的变化 …… (25)
　　（四）色素的变化 …… (26)
　　（五）酶活性的变化 …… (27)
　　（六）无机成分的变化 …… (28)
三、茶树年周期生育过程中化学成分的变化 …… (28)
　　（一）茶树体内贮藏物质的变化 …… (29)
　　（二）与茶叶品质有关成分的变化 …… (30)
四、茶树各部位主要化学成分的差异 …… (34)

项目三　环境对茶树物质代谢的作用 …… (37)
一、不同生态条件下的化学成分代谢 …… (37)
　　（一）光照 …… (37)
　　（二）温度 …… (44)
　　（三）水分 …… (46)
　　（四）土壤 …… (47)
　　（五）纬度 …… (49)
　　（六）海拔 …… (49)
二、肥料元素与茶树物质代谢 …… (51)
　　（一）氮磷钾肥与茶树物质代谢 …… (51)
　　（二）矿质元素与茶树化学成分 …… (52)

项目四　绿茶、黄茶品质形成化学 …… (55)
一、绿茶品质形成化学 …… (56)
　　（一）钝化酶的活性 …… (56)
　　（二）叶绿素的变化 …… (58)
　　（三）茶多酚的变化 …… (59)
　　（四）蛋白质、氨基酸的变化 …… (60)

(五)糖类的变化 …………………………………………………………………… (61)
　　(六)香气成分的变化 ………………………………………………………………… (61)
　　(七)其他物质的变化 ………………………………………………………………… (63)
　二、黄茶品质形成化学 ……………………………………………………………………… (63)
　　(一)黄茶制造中酶活性与微生物类群的变化 ……………………………………… (64)
　　(二)黄茶制造中主要化学成分的变化 ……………………………………………… (65)
　　(三)闷黄对黄茶品质形成的影响 …………………………………………………… (67)
　　(四)闷黄工艺影响因子与黄茶品质 ………………………………………………… (68)

项目五　红茶品质形成化学 …………………………………………………………………… (71)
　一、酶活性的变化 ……………………………………………………………………………… (71)
　二、茶多酚的变化 ……………………………………………………………………………… (72)
　三、红茶色素的形成与转化 …………………………………………………………………… (75)
　四、氨基酸、蛋白质的变化 …………………………………………………………………… (78)
　五、糖类的变化 ………………………………………………………………………………… (80)
　六、芳香物质的变化 …………………………………………………………………………… (81)
　七、酸度的变化 ………………………………………………………………………………… (81)
　八、咖啡碱的变化 ……………………………………………………………………………… (82)

项目六　乌龙茶、黑茶、白茶品质形成化学 …………………………………………………… (83)
　一、乌龙茶品质形成化学 ……………………………………………………………………… (83)
　　(一)乌龙茶对鲜叶原料的要求 ……………………………………………………… (84)
　　(二)乌龙茶加工工艺 ………………………………………………………………… (87)
　　(三)乌龙茶各工序物质变化 ………………………………………………………… (88)
　　(四)乌龙茶化学物质变化 …………………………………………………………… (90)
　　(五)乌龙茶品质形成机制 …………………………………………………………… (93)
　二、黑茶品质形成化学 ………………………………………………………………………… (95)
　　(一)黑茶品质形成化学 ……………………………………………………………… (96)
　　(二)茯砖茶品质形成化学 ………………………………………………………… (101)
　　(三)普洱茶品质形成化学 ………………………………………………………… (104)
　三、白茶品质形成化学 ……………………………………………………………………… (109)
　　(一)白茶品质形成的机理 ………………………………………………………… (110)
　　(二)白茶加工主要化学成分的变化 ……………………………………………… (112)
　　(三)白茶品质形成的实质 ………………………………………………………… (115)

项目七　茶叶存放的化学成分变化 …………………………………………………………… (117)
　一、茶叶存放过程中品质劣变的原因 ……………………………………………………… (117)

（一）茶叶含水量的变化 ································· (117)
　　（二）茶多酚的自动氧化、聚合 ························· (119)
　　（三）高聚合物的形成和积累 ··························· (119)
　　（四）氨基酸的减少 ····································· (120)
　　（五）抗坏血酸的氧化 ·································· (122)
　　（六）叶绿素的变化 ····································· (122)
　　（七）类脂物质的水解和氧化 ··························· (123)
　　（八）香气成分的变化 ·································· (124)
　二、茶叶存放过程中影响品质的环境条件 ··················· (126)
　　（一）温度 ·· (126)
　　（二）湿度 ·· (126)
　　（三）氧气量 ·· (127)
　　（四）光线 ·· (127)

项目八　茶叶理化测定实训 ································· (129)

　一、实验记录 ·· (129)
　二、实验报告 ·· (130)
　实训一　取样和样品制备 ·································· (131)
　实训二　茶叶含水量的测定 ································ (134)
　实训三　茶叶水浸出物的测定 ······························ (137)
　实训四　茶叶多酚类物质的测定 ···························· (141)
　实训五　茶黄素、茶红素、茶褐素的测定 ···················· (145)

学习提纲 ··· (148)

概 述

【知识目标】
(1)掌握茶叶品质化学的形成简史。
(2)了解茶叶品质化学所涉及内容及其作用。
(3)了解茶叶品质化学的发展趋势。

【技能目标】
(1)具备介绍茶叶品质化学的历史演变及其在茶业中作用的能力。
(2)具备概括茶叶品质化学的学习目标和内容的能力。

【必备知识】

一、茶叶生物化学的形成与茶叶品质化学的定位

茶叶生物化学的研究工作可以说是从1827年发现茶叶内含嘌呤碱化合物时开始的,当时称之为茶素,即咖啡碱;1947年发现茶叶中存在7种儿茶素,构成了茶叶化学或者茶叶成分化学的雏形;1957年,英国人Roberts等关于茶树鞣质的合成及生理过程与红茶发酵过程的转化的研究,可以看作茶叶生物学学科的生长点。此后,外国专家不断对茶叶生物化学成分进行研究,发现了很多种类物质。如日本酒户弥二郎1950年从茶叶中分离出茶氨酸,山西贞等对数以百计的茶叶香气进行了分离鉴定,竹尾忠一等发现了由糖苷水解生成茶叶香气的新途径。我国自20世纪80年代以来,应用气相色谱与质谱研究了各类茶叶香气的组成、茶叶品质化学成分及检测和茶叶特征成分。

在我国茶叶生物化学作为一门独立的学科开始于20世纪60年代。我国第一部《茶叶生物化学》教材由农业部组织安徽农学院、浙江农业大学、湖南农学院,根据当时国内外大量但零碎的研究资料以及学科的发展倾向共同编撰而成,于1961年9月由浙江人民出版社出版。

改革开放后,全国高校统编适用茶学本科教育的《茶叶生物化学》教材于1980年2月由

农业出版社出版，1984年出版了第二版，2003年第三版出版。至此，《茶叶生物化学》理论体系确立，内容非常丰富，带动了茶学事业的蓬勃发展。同时茶业行业发展迅速，近十年来中国的茶叶产销量每年以近6%的速度增长，至2019年产量达到277.72万吨，同比增长6.4%。茶叶行业需要大量高技术技能型人才，在理论研究充分的基础上应注重技术技能的培训与培养，《茶叶品质化学》应运而生。《茶叶品质化学》试图在茶叶生物化学和茶叶品质形成、茶叶感官审评方面理论与技术、技能形成较好的结合点，帮助人们在生产经营各环节更好地把控茶叶质量。

二、茶叶品质化学的内容、作用

茶叶生物化学是植物化学、生物化学、食品化学渗透到茶叶分类与制作、茶树栽培与育种利用、茶叶审评与检验、茶叶深加工及综合利用等领域后，形成的一门交叉学科，是提供茶叶生产、加工、利用、贸易等有关化学的理论依据。茶叶品质化学是用通俗易懂的表达方式介绍茶叶生物化学的理论和研究成果，以便学生着重理解茶叶生产各环节要素影响品质的实质，掌握品质形成的实际技术技能。

茶叶品质化学的主要内容包括：

1. 茶叶中的化学成分及其性质。
2. 茶树各器官尤其是新梢中的化学成分特征及其性质。茶叶主要化学成分年周期变化规律。
3. 影响茶叶品质的各化学成分在不同环境下的含量情况，为茶树高产优质提供理论指导。
4. 六大茶类在加工、贮藏中的变化规律及其对茶叶品质的影响，为加工工艺的制定及机械的设计提供理论参数。
5. 茶叶各化学成分对茶叶品质的影响及其与感官审评的关系。

通过本课程的教学，要求学生掌握茶叶中主要特征成分、性质、不同加工及栽培条件下物质转化的规律，各化学成分对茶叶品质的影响，为进一步学好茶艺各门专业课程打下扎实的理论基础。

三、茶叶生物化学的发展趋势

茶叶生物化学将更多应用分子生物学研究成果和技术谋求自身发展，同时在茶叶科学中的基础地位将得到加强。生物体内新陈代谢的一切变化，都是通过生物化学过程来完成的，不仅是茶树生长发育过程中的活体如此，即使是鲜叶离体后，茶叶加工和贮藏过程也伴随着复杂的物质降解和转化。

茶叶生物化学与生物技术的联系将会越来越紧密。利用生物技术调节酶的合成，在基因水平上进行酶基因的修饰和改造，进而选育出茶树优良品种。加强微生物技术应用茶叶后期加工技术研发，开发人类保健养生、预防疾病的新产品，如果这个技术走向成熟，将进一步提高茶叶利用价值。

茶树次级代谢及其产物研究仍将是茶叶生物化学的核心问题。次级代谢产物形成及调控机制的研究，将是茶叶生物化学的发展趋势。

茶叶安全生产及控制技术的研究迫在眉睫，加强茶用农业绿色生产资料、生物防治、茶叶农残与卫生指标检测技术等的研究。以生态型野化茶树管理方式达到农残、色料、重金属无检出为目标，让消费者喝到放心茶、高品质的茶，成为茶业未来的发展趋势。

【复习思考题】

1.茶叶品质化学的主要内容及其作用是什么？
2.茶叶生物化学对茶叶科学的发展有什么影响？

项目一　茶叶中的化学成分及其性质

【知识目标】
(1) 掌握茶叶鲜叶、干物质主要化学物质的名称和含量比例。
(2) 掌握茶叶内含六种主要成分的基本结构特征和性质。

【技能目标】
(1) 能介绍茶叶鲜叶、干物质主要化学物质的名称和含量比例。
(2) 具备概括茶叶的化学成分与茶叶品质、茶叶感官性质、茶叶功效的关系的能力。

【必备知识】

茶树为多年生常绿叶用植物，起源于中国云贵高原。在茶的鲜叶中，水分约占 75%，干物质为 25% 左右。茶叶的化学成分是由 3.5%～7.0% 的无机物质和 93.0%～96.5% 的有机物质组成的。到目前为止，经过分离鉴定的已知化合物约为 500 种，其中有机化合物在 450 种以上。构成这些化学物质的基本元素已发现的有 30 余种：碳、氢、氧、氮、磷、钾、硫、钙、镁、铁、铜、铝、锰、硼、锌、钼、铅、氯、氟、硅、钠、钴、铬、镉、镍、铋、锡、钛、钒等。其中前十种是大量存在的元素，故称为大量元素，而后面其他的元素含量甚微，统称为微量元素。在制茶过程中也有可能混入微量的金属和非金属物质。茶叶中的化学成分虽然较为复杂，但是将其主要成分归纳起来也不过十几类，如图 1－1 所示。

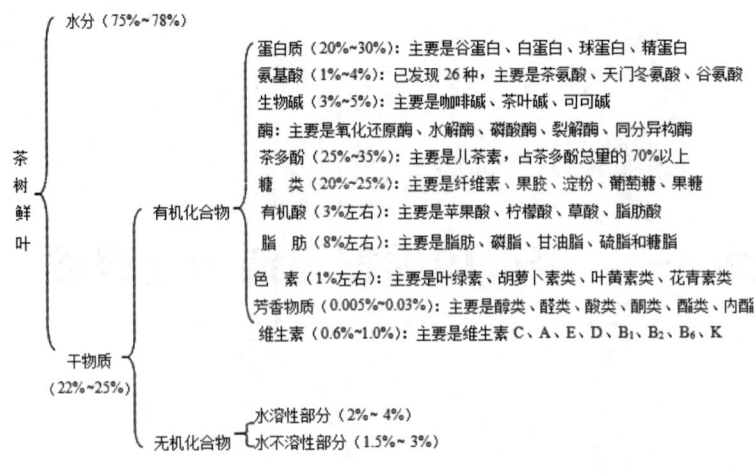

图 1－1　茶叶中化学成分的分类

一、茶树中的水分

水是茶树生命活动中不可缺少的物质，是形成光合作用产物的重要原料。水分在茶树体内各部位的分布是不均匀的，生命活动即代谢旺盛的部位水分含量高。幼嫩的茶树新梢中一般含水 75%～78%，叶片老化以后含水量减少。茶树各部位的含水量如表 1－2 所示。

表 1－2　茶树各部位的水分含量

茶树部位	一芽三叶新梢	幼嫩茎梗	老叶	枝条	主茎	根部
水分(%)	77.3	84.6	65.6	48.7	45.9	51.4

茶树体内的水分可分为自由水和束缚水两种。自由水主要存在于细胞液和细胞间隙中，呈游离状态，茶叶中的可溶性物质如茶多酚、氨基酸、咖啡碱、无机盐等都溶解在这种水里。水分在制茶过程中参与一切生化反应，也是化学反应的重要介质，因此控制水分含量也是一项重要的技术指标。茶叶中除自由水外还有一种束缚水，或称结合水，它与细胞的原生质相结合，呈原生质胶体状态。

幼嫩的鲜叶经过加工制成干茶以后，绝大部分的水分都已蒸发散失，最后一般只要求保留 4%～6% 的水分。因此，通常需要 4 斤多鲜叶才能制造一斤干茶。

广义而言，茶叶中除了水分之外，其余都是干物质。作为饮料的茶叶，其干物质中约有 35%～45% 的物质是能溶于沸水的，这部分能溶于沸水的物质统称为"水浸出物"。由于茶梢的老嫩不同，其所制成的茶叶的水浸出物含量也不相同。水浸出物中包含着各种各样的物质，诸如茶多酚、咖啡碱、氨基酸、可溶性糖、果胶、无机成分、维生素、水溶色素和芳香物质等。茶汤品质的好坏就决定于各种物质的种类、数量及其组成比例。

二、茶叶中的多酚类物质

茶多酚是茶叶中多酚类物质的总称,过去茶多酚又称茶鞣质、茶单宁,因其大部分能溶于水,所以又称为水溶性鞣质。这种茶鞣质在分类上属缩合鞣质,它与属水解鞣质的中国单宁(五倍子单宁)不同。过去有人将茶多酚误认为是鞣酸或单宁酸,这是不正确的。

茶多酚是茶叶中三十多种多酚类物质的总称,主要由儿茶素、黄酮类物质、花青素和酚酸等四大类物质所组成。其中含量最高、所占比例最大的是儿茶素类物质,约占茶多酚总量的70%,不同品种有所差别,高的可达80%以上,低的也有50%左右。

茶多酚的总含量约占鲜叶干物质的三分之一,是茶树新陈代谢的重要特征。儿茶素的生物合成途径,至今虽然没有完全弄清楚,但是大量试验已证明,儿茶素基本结构的形成与糖代谢密切相关。茶叶中儿茶素、花青素和黄酮类物质的基本结构极为相似。茶多酚是一类生理活性物质,含量及组成的变化较易受外界条件的影响,是形成茶叶品质的重要成分之一。

茶多酚易溶解于热水,部分茶多酚及其氧化产物(茶黄素、茶红素等)能与蛋白质结合而沉淀成为茶叶叶底颜色,茶多酚遇含铁物质则形成绿黑色物质,这也就是为什么揉捻机的揉盘表面不能用铁制造。

(一)儿茶素类

1.儿茶素的种类

茶叶中的儿茶素类物质一般含量为10%~25%,主要由以下六种儿茶素组成:

(1)简单儿茶素(又称非酯型儿茶素):L-表没食子儿茶素(简称L-EGC)、D,L-没食子儿茶素(简称D,L-GC)、L-表儿茶素(简称L-EC)、D,L-儿茶素(简称D,L-C);

(2)复杂儿茶素(又称酯型儿茶素):L-表没食子儿茶素没食子酸酯(简称L-EGCG)、L-表儿茶素没食子酸酯(简称L-ECG)。(注:儿茶素有几何构型和旋光异构,"L"表示该构型与L-甘油醛相近,"D"表示该构型与D-甘油醛相近)

茶叶鲜叶中复杂儿茶素含量最多、所占比例最大,L-表儿茶素和D,L-儿茶素含量最少。各种儿茶素的含量和比例是随品种、老嫩、季节、栽培条件不同而变化的。儿茶素在制茶过程中的变化相当显著,也相当重要,与茶叶的色、香、味品质均有很密切的关系。复杂儿茶素(L-EGCG、L-ECG)具有强收敛性,苦涩味较重;而简单儿茶素(L-EGC、D,L-GC、L-EC、D,L-C)收敛性较弱,有苦味无涩味。在茶树合成代谢过程中,由简单儿茶素与没食子酸缩合生成复杂儿茶素。在茶叶加工过程中,复杂儿茶素在酶或水热作用下中会转化成简单儿茶素和没食子酸。

2.儿茶素的理化性质

(1)溶解性:儿茶素为白色固体,亲水性较强,易溶于热水,含水乙醇、甲醇、含水乙醚、乙酸乙酯、含水丙酮及冰醋酸等溶剂,但在苯、氯仿、石油醚等溶剂中很难溶解。

(2) 吸收光谱：儿茶素在可见光下不显颜色，在短波紫外光下呈黑色，在 225nm、280nm 处有最大吸收峰。

(3) 显色反应：儿茶素分子中的间位羟基可与香荚兰素在强酸条件下生成红色物质。酚类显色剂如氨性硝酸银、磷钼酸等均可与儿茶素反应生成黑色或蓝色物质。

(4) 沉淀反应：儿茶素属多酚类化合物，与许多酚类络合的金属离子也和儿茶素发生反应，如 Ag^+、Hg^{2+}、Cu^{2+}、Pb^{2+}、Fe^{3+} 及 Ca^{2+} 等。

(5) 易被氧化：易发生酶促氧化而变红，或被空气中的氧气氧化。

(6) 异构化作用：在热的作用下，一种儿茶素可转变为与其对应的旋光异构体或顺反异构体，该过程称为儿茶素异构化作用。

(二)黄酮和黄酮醇类

1. 种类

黄酮类物质又称花黄素，多以糖苷的形式存在于茶叶中。绿茶中存在的黄酮及其糖苷有 21 种，其中较重要的有牡荆苷、皂草苷等。黄酮醇物质有十多种，因其分子结构上的不同可分为三类：(1)山奈酚及其糖苷；(2)槲皮素及其糖苷；(3)杨梅酮及其糖苷。茶叶中黄酮类物质总含量为 1%～2%。黄酮类物质是构成绿茶茶汤黄绿色的主要物质。据研究，在绿茶茶汤中已发现有 19 种物质。

2. 理化性质

(1) 色泽与氧化：黄酮及黄酮苷类物质多为亮黄色结晶，溶于水呈黄色，与绿茶汤色关系较大。容易发生自动氧化，是多酚类化合物自动氧化的主要物质。黄酮类的自动氧化在红茶中占从属地位，其含量多少与红茶茶汤橙黄色呈正相关。但在绿茶中黄酮类及其自动氧化产物是形成茶汤绿色的主要成分，对茶和叶底也有一定的影响。

(2) 溶解性：黄酮及黄酮醇一般都难溶于水，较易溶于有机溶剂，如甲醇、乙醇、冰醋酸、乙酸乙酯等，难溶和不溶于苯、氯仿等极性小的有机溶剂中。茶叶中以黄酮苷类形式存在，在水中的溶解度比其苷元大，其水溶液为绿黄色，对绿茶汤色的形成作用较大。

(3) 水解反应：在制茶过程中，黄酮苷在热和酶的作用下会发生水解，脱去苷类配基变成黄酮或黄酮醇，在一定程度上降低了苷类物质的苦味。

(4) 吸收光谱：在甲醇溶液中，不同结构的黄酮类化合物具有不同的吸收光谱的作用。

(三)花青素

花青素又称花色素，茶树在高温干旱季节不少品种出现大量的紫色芽叶，这是由于花青素形成积累造成的，紫色芽叶中花青素的含量往往高达 0.5%～1%。花青素具有明显的苦味，对品质不利。茶叶中发现的花青素有蔷薇花青素、飞燕草花青素、青芙蓉花青素以及它们的糖苷。

(四)酚酸

茶叶中酚酸的含量较少,主要包括没食子酸、茶没食子素、鞣花酸、绿原酸、咖啡酸、对香豆酸等,其中以没食子酸和茶没食子素含量较多。

酚酸类物质是茶树生理代谢的次生物质,是合成酯型儿茶素必不可少的物质。在红茶制造中,酯型儿茶素水解产生非酯型儿茶素和酚酸类,使细胞 pH 降低,有利于红茶发酵的进行。没食子酸是典型的酚酸类物质。没食子酸易溶于水,味苦涩;在制茶过程中,酯型儿茶素水解产生没食子酸和非酯型儿茶素,可降低成品茶的苦涩味。

三、茶叶中的蛋白质和氨基酸

蛋白质和氨基酸都是茶叶中的重要含氮物质,氨基酸是组成蛋白质的基本单位,同时也是活性肽、酶和其他一些生物活性分子的重要组成成分。茶叶中的蛋白质含量高达 25%~30%,但是绝大部分都不溶于水,所以喝茶时,人们并不能充分利用这些蛋白质。能溶于水的蛋白质通常称为"水溶蛋白",其含量仅有 1%~2%。另一小部分蛋白质在茶叶加工环节中因蛋白质水解酶或热化学作用下产生游离氨基酸而被利用。

茶叶中的蛋白质由谷蛋白、白蛋白、球蛋白和精蛋白所组成,其中以谷蛋白所占比例最大,约为蛋白总量的 80%,其他几种蛋白含量较少。能溶于水的是白蛋白,这种蛋白对茶汤的滋味有积极作用。

(一)氨基酸的种类

茶叶中氨基酸的种类甚多,已发现的有 26 种。其中甘氨酸、丙氨酸、缬氨酸、亮氨酸、异亮氨酸、丝氨酸、苏氨酸、天冬氨酸、谷氨酸、天冬酰胺、谷氨酰胺、赖氨酸、精氨酸、组氨酸、半胱氨酸、蛋氨酸、脯氨酸、苯丙氨酸、酪氨酸、色氨酸等 20 种为蛋白质氨基酸,茶氨酸、豆叶氨酸、谷氨酰甲胺、γ—氨基丁酸、天冬酰乙胺和 β—丙氨酸等 6 种为非蛋白质氨基酸。氨基酸的总含量因品种、季节、老嫩等因素的不同而有较大的变化,细嫩的茶叶中一般含有 2%~4%。上述的 26 种氨基酸中,以茶氨酸、谷氨酸、天冬氨酸、精氨酸、丝氨酸等含量较高,其中尤以茶氨酸的含量最为突出,通常茶氨酸要占氨基酸总量的 70% 以上,它是组成茶叶鲜爽滋味的重要物质之一,嫩芽与嫩茎中所占比例更大。茶树如此大量地合成茶氨酸,是茶树新陈代谢的特点之一,迄今为止,除了在蕈菌和茶梅中发现有少量这种茶氨酸外,在其他植物中尚未发现。因此,茶氨酸是茶叶的特征成分之一。

(二)氨基酸是氮代谢的产物

茶叶中的氨基酸是氮代谢的产物,由茶树吸收的氮素经代谢转化而成。土壤中的氨态氮或硝态氮被茶树吸收后转化成氨,再通过酮戊二酸的还原氨作用形成了某种氨基酸,然后再通过转氨作用与氨基酸的相互转变,就形成了各种各样的氨基酸。

茶叶中的氨基酸在代谢过程中,通过氧化、水解等一系列作用进行脱氨而转化为其他物质。脱氨及脱羧作用形成的游离氨及胺类在酰胺化作用过程中,转化成天冬酰胺、谷氨酰胺和茶氨酸等物质。氨基酸代谢与茶多酚、咖啡碱的代谢有着密切的关系,相互制约,显示了茶树新陈代谢的特点。

茶氨酸是由一分子谷氨酸与一分子乙胺在茶氨酸合成酶作用下,在茶树的根部合成,生长季节能迅速运输到地上部分生长点,是参与氮代谢的一种重要化合物,其合成、分解,与茶树的呼吸代谢和某些物质代谢有关。

(三)氨基酸的主要性质

茶叶中的氨基酸极易溶解于水,而不溶于无水乙醇和乙醚。不少氨基酸都有着一定的香气和鲜味,对茶汤品质影响较大,与茚三酮显色反应呈紫色。自然界存在的茶氨酸均为L型,纯品为白色针状结晶,极易溶于水。在茶汤中,茶氨酸的浸出率可达80%,对绿茶滋味具有很重要作用,与绿茶滋味等级的相关系数达0.787~0.876,为强正相关。茶氨酸还能缓解茶的苦涩味,增强甜味。可见茶氨酸不仅对绿茶良好滋味的形成具有重要的意义,而且可作为红茶品质的重要评价因子。

四、酶

酶是生特体活细胞产生的,具有催化活性和高度专一性的特殊生物大分子,大多数酶属蛋白质,只有极少数酶是核酸(rRNA)。通常把由酶催化进行的反应称为酶促反应。

(一)酶的种类

茶叶中的酶归纳起来有水解酶、磷酸化酶、裂解酶、氧化还原酶、移换酶、同分异构酶等类型。水解酶有蛋白酶、淀粉酶、酯键水解酶等;氧化还原酶有多酚氧化酶、过氧化氢酶、过氧化物酶、抗坏血酸氧化酶等。这些酶对制茶过程中的化学物质变化具有重要作用,特别是多酚氧化酶是形成茶叶品质的决定性因素。

(二)酶与茶叶加工的关系

- 温度对酶活性的影响:酶蛋白具有一般蛋白质的性质,维持酶活性的最适宜温度,一般在30℃~50℃,温度过高酶会变性失去活性(简称失活),温度过低活性减弱。利用酶的这种特性进行不同茶类的制造,如绿茶杀青、红茶烘干都是用高温钝化酶使酶失活,达到制茶工艺要求。

• pH对酶活性的影响——最适pH：各种不同的酶都有活性最强、反应速率最大的酸碱度。红茶萎凋和发酵时，鲜叶细胞质的pH从近乎中性降到5.1～6.0，与酶的最适pH相适应，使酶的活性增加，随后pH继续下降，酶的活性则越来越低。

• 反应物对酶活性的影响——专一性：酶对其所催化的底物或反应类型具有严格的选择性，如多酚氧化酶只作为多酚物质的氧化反应催化剂，淀粉酶只能参与淀粉水解反应，不能催化水解纤维素。

(三)制茶技术与酶

制茶技术就是要有效地控制酶的活性，促进催化作用(红茶)，或抑制催化作用，或控制催化作用在一定范围内(青茶、白茶)，因此产生不同的化学反应物，形成不同的品质。这些制茶技术主要通过控制鲜叶组织机械损伤、叶温和叶中含水量，以达到控制酶的催化作用。在红茶制造过程中，茶多酚在氧化酶作用下被氧化聚合，形成茶黄素(TF)、茶红素(TR)、茶褐素(TB)等一系列氧化聚合产物，对红茶的品质特征起着决定性的作用，红茶的红色茶汤主要就是由这些物质所构成的。

在绿茶制造过程中，通过高温使多酚氧化酶失活，保留了较多的包括儿茶素在内的多酚类化合物，因此，茶汤滋味较苦涩，收敛性强，清汤绿叶。

黑茶初制的杀青高温基本上把鲜叶内源酶抑制失活，揉捻工序后的渥堆造成黑曲霉、青霉、酵母等大微生物繁殖和升温度，出现多酚氧化酶、过氧化物酶、蛋白酶、果胶酶、纤维酶、葡萄糖氧化酶等同工酶和活性增强现象，形成黑茶醇和不涩，汤色橙黄不绿，叶底黄褐不青，其品质风味既不同于绿茶，也有别于黄茶，形成独具一格的品质特征。说明黑茶发酵是微生物分泌胞外酶引起的酶促反应，而红茶的发酵是鲜叶内源酶的酶促反应。

五、茶叶中的生物碱

(一)生物碱的种类

植物界中含有生物碱的种类很多，已发现和分离出的生物碱近6000种。它们绝大多数分布在高等植物，尤其是双子叶植物中，单子叶植物中较少，裸子植物中更少。茶树属双子叶植物纲，茶树体内的生物碱有咖啡碱、可可碱、茶叶碱。咖啡碱所占的比例相当大，含量为2%～5%，茶叶碱和可可碱含量较少。咖啡碱的生物合成途径和氨基酸、核酸、核苷酸的代谢紧密相连，所以咖啡碱也是在茶树生命活动活跃的嫩梢部分合成最多，含量最高。咖啡碱是含氮化合物的一种，属氮代谢的产物，其含量多少与施用氮肥的水平有关。

因为茶叶中咖啡碱含量较高，一般植物中含咖啡碱的并不多，所以也把咖啡碱看成茶树的特征物质之一。一杯茶汤用氯仿进行抽提，将氯仿萃取液挥发除去氯仿后，就能看到白色针状的咖啡碱结晶体。通常也用上述方法配合其他检验项目(如检测儿茶素和茶氨酸)以辨别茶叶真假。

(二)主要理化性质

1.溶解性

咖啡碱无色结晶,易溶于80℃以上热水,能溶于乙醇、丙酮,易溶于氯仿,较难溶于苯和乙醚。可可碱难溶于冷水、乙醇,能溶于沸水,几乎不溶于苯、乙醚及氯仿。茶叶碱易溶于热水,微溶于冷水、乙醇、氯仿,难溶于乙醚。

2.升华特性

咖啡碱熔点为235℃～238℃,在120℃以上开始升华挥发,到180℃可大量升华成针状结晶;可可碱熔点为375℃,加热至290℃时能升华,茶叶碱的熔点为269℃～274℃。

3.光谱性质

咖啡碱、可可碱和茶叶碱都有共同的紫外吸收光谱,在272～274nm处有最大的吸收峰。

4.沉淀反应

茶叶中的嘌呤碱可与大多数生物碱沉淀剂作用生成难溶于水的复盐或大分子络合物等。碘化汞钾试剂、碘化铋钾试剂、碘化钾碘试剂、硅钨酸试剂和磷钼酸试剂等是生物碱沉淀剂。

5.缔合作用

咖啡碱同儿茶素及其氧化产物在高温(100℃)时各自呈游离状态,随着温度下降会产生凝聚作用,使茶汤由清转浑,出现"冷后浑"现象。

此外,咖啡碱也是茶叶的重要滋味物质,与茶叶的苦味有关,协调茶汤品质。参与形成的冷后浑络合物具有鲜爽味,是红茶茶汤鲜爽度和强度的重要成分;如果红茶茶汤冷后浑出现得快且多,则品质较好。其含量与鲜叶原料的嫩度有关,原料越嫩,含量越高,可以反映制茶原料的品质,与鲜叶的品质相关系数为0.859。喝茶能兴奋人体的中枢神经,起这种兴奋作用的主体物质就是咖啡碱。

六、茶叶中的芳香物质

茶叶中的芳香物质是种类繁多的挥发性物质的总称。鲜叶中芳香物质含量为0.03%～0.05%,有近50种。成品茶的种类增加很多,如红茶有325种,绿茶有100种以上。这说明加工技术对茶叶香气品质形成有重要作用。

(一)含量少

芳香物质在茶叶中的绝对含量很少,一般只占干物量的0.02%。在绿茶中占0.02%～0.05%;在红茶中占0.01%～0.03%;在鲜叶中占0.03%～0.05%。当采用一定方法提取茶中的香气成分后,茶便会无茶香味,故茶叶的芳香物质对茶叶品质的形成具有很重要作用。

(二)种类多

茶叶中芳香物质的含量虽然不多,但由于组成各类茶叶香气的芳香物质多达700种,这些物质间不同的组合就构成了各种类型的香气。经分析鉴定,组成茶叶香气的芳香物质应用气相色谱法分析研究的结果,归纳起来可分为11大类:碳氢化合物、醇类、醛类、酮类、酯类、内酯类、羧酸类、酚类、含氧化合物、含硫化合物和含氮化合物。各种香气物质,由于分别含有羟基(醇类)、酮基(酮类)、醛基(醛类)、酯基(酯类)、氮杂环等发香基团而形成各种各样的香气。

醇类茶叶芳香物质主要是醇类化合物。鲜叶有正己醇、青叶醇、苯甲醇以及苯乙醇-β-D-吡喃葡萄糖苷、香叶醇单萜配糖体、芳樟醇单萜配糖体等,其中以青叶醇为主体(沸点156℃~157℃),约占鲜叶芳香油的60%,占低沸点200℃以下芳香物质的80%。青叶醇有顺式、反式结构型式,顺式有青草气,低浓度时清香,经加热转化为反式也是清香。苯甲醇、苯乙醇、香叶醇、芳樟醇均是茶叶采摘后由糖苷酶水解后生成的,这些物质沸点均在200℃以上,留在成品茶叶中作为良好香气的芳香物质。苯甲醇(205.5℃):微弱的苹果香;苯乙醇(217℃~218.5℃):玫瑰香;芳樟醇(198℃~199℃):百合花香或玉兰花香;茉莉酮:茉莉花香。

醛类包括正丁醛、异丁醛、异戊醛、苯甲醛、青叶醛等,以青叶醛为主。它占低沸点芳香物的15%。

酮类包括β-紫罗兰酮、茉莉酮、茶螺烯酮等。

酸类包括乙酸(醋酸)、丙酸、丁酸、异丁酸、异戊酸、正己酸、软脂酸、水杨酸等。

酯类包括苯乙酯、水杨酸甲酯、二氢海葵内酯等。

酚类包括苯酚、苯甲酚、3-乙基苯酚、4-乙基-2-甲氧基苯酚(4-乙基愈创木酚)等。

(三)不同茶类香气组成不同

鲜叶中以含醇类及部分醛类、酸类等化合物为主,50种左右,其香气特征以青草气为主;绿茶一般都经过杀青和烘炒,富含碳氢化合物、醇、酸类和含氮化合物,使香气带有清香和栗香,约有100种;红茶因为经过萎凋和发酵,制茶中增加的香气成分更多,其中以醇、醛、酮、酯、酸类化合物为主,其组成香气成分的芳香物质多达320种,从而形成红茶特有的甜花香。

(四)香气成分特点

茶叶中的各种芳香物质各有各自的香气特点,鲜叶中大量存在的是顺式青叶醇,有浓厚的青草气;制成绿茶以后,以含吲哚、紫罗兰酮类化合物、苯甲醇、芳樟醇、己烯醇和吡嗪化合物为主;制成红茶以后,以含芳樟醇及其氧化物、己烯醇、水杨酸甲酯、己酸等为主。

(五)同种叶有地域差别

由于不同地区的生态环境及地理状况不同,同种茶类产于不同的地区,具有不同的差异。如云南红茶具有特殊的甜香,祁门红茶具有特殊的玫瑰花香(祁门香),阿萨姆红茶则具有"阿萨姆香"。同是绿茶,屯绿具有栗香,龙井具有清香,高山绿茶则具有嫩香。

(六)茶叶中的香气物质

除了以上介绍的芳香物质以外,某些氨基酸及其转化物、氨基酸与儿茶素邻醌的作用产物都具有某种茶香。

上述的芳香物质,其沸点差异很大,低的只有几十摄氏度至100多摄氏度,高的可达200多摄氏度。例如占鲜叶芳香物质60%的青叶醇,具有强热的青臭气,但由于其沸点只有157℃,高温杀青时,绝大部分挥发散失;而高沸点的芳香物质如芳樟醇、香叶醇、苯乙醇、茉莉醇、醋酸香叶酯等就保留较多,从而使茶叶形成特有的清香、花香和果味香等。

茶叶中芳香物质的来源,有的是新梢伸育过程中在茶树体内合成的(这一部分是茶叶中固有的芳香物质),但大部分是在制茶过程中,由其他物质转化而产生的。绿茶杀青、烘炒的热化学作用,红茶萎凋、发酵过程的生化作用都是产生大量香气物质的重要来源。

七、茶叶色素

广义而言,茶叶色素指的是茶树体内的色素成分和成茶冲泡后形成茶汤颜色的色素成分。它们包括叶绿素、叶黄素、胡萝卜素、黄酮类物质、花青素及其他茶多酚的氧化产物(主要有茶黄素、茶红素、茶褐素)等。叶绿素、叶黄素和胡萝卜素不溶解于水,一般统称为脂溶性色素;黄酮类物质、花青素、茶黄素、茶红素和茶褐素能溶于水,统称为水溶性色素。脂溶性色素对干茶的色泽和叶底色泽均有很大影响,而水溶性色素决定着茶汤的汤色。

(一)脂溶性色素

茶叶中叶绿素的含量一般为0.3%~0.8%,叶绿素主要是由蓝绿色的叶绿素a和黄绿色的叶绿素b所组成。长在茶树上的叶子,叶绿素a的含量要比叶绿素b高2~3倍,所以叶子通常是深绿色的。但是幼嫩的叶子,叶色较淡,有时呈黄绿色,那是叶绿素b的含量相对较高的缘故。品种与气候因子对叶绿素a、叶绿素b含量比例也会产生影响。叶绿素在制茶过程中有着不同程度的分解破坏,红茶中叶绿素破坏较多,绿茶破坏较少。叶绿素存在于茶树叶片组织内的叶绿体中,接受光能,进行光合作用,有效地把光能转化为化学能,并把无机物质经过代谢形成各种各样的有机物,用以维持茶树正常的生长发育。

胡萝卜素在茶叶中一般含量为0.02%~0.1%,叶黄素为0.01%~0.07%,为黄色—橙黄色物质。这类色素在茶叶中已发现的大约有15种,统称为类胡萝卜素。含量较多的有β-胡萝卜素、叶黄素、茶黄素、α-胡萝卜素等。类胡萝卜素也能吸收光能,对叶绿素进行光合作用起着辅助作用。类胡萝卜素在制茶中经降解后,可形成某些芳香物质,此外对形成红茶的汤色也起着积极的作用。

(二)水溶性色素

黄酮类物质和花青素属多酚类化合物，在茶多酚一节中已作简要叙述。黄酮类物质呈黄色和黄绿色，不仅是绿茶汤色的主要组成，其氧化聚合物与红茶汤色也有密切的关系。花青素的颜色随细胞液 pH 的变化而变化，在酸性条件下花青素呈红色，在碱性条件下呈蓝紫色。在茶树体内儿茶素、花青素和黄酮类是能互相转化的。

茶多酚在红茶制造中氧化聚合形成的有色产物统称为红茶色素。红茶色素一般包含茶黄素、茶红素和茶褐素三大类物质，茶黄素呈橙黄色，是决定茶汤明亮度的主要成分，在红茶中含 0.3%～2.0%；茶红素呈红色，是形成红茶汤色的主要物质，含 5%～11%；茶褐素呈暗褐色，是红茶汤色发暗的主要成分，含 4%～9%。其中与品质关系密切的茶黄素，约由八种以上的成分所组成，通常可分为四类：

茶黄素和异茶黄素等(三种)，占茶黄素总量的 10%～13%；

茶黄素单没食子酸酯(两种)，占茶黄素总量的 48%～58%；

茶黄素双没食子酸酯(一种)，占茶黄素总量的 30%～40%；

茶黄酸和茶黄酸没食子酸酯(两种)，只占茶黄素总量的 0.2%～0.3%。

茶黄素形成的数量决定于制茶工艺，也决定于品种的生化特性。如何最大限度地提高茶黄素的含量，是一个值得研究的课题。

八、茶叶中的糖类及茶皂甙

(一)糖类

茶叶中的糖类一般含量为 20%～30%，包括单糖、双糖和多糖三类。

1.单糖

茶叶中的单糖包括葡萄糖、甘露糖、半乳糖、果糖、核糖、木酮糖、阿拉伯糖等，其含量为 0.3%～1%。

2.双糖

茶叶中的双糖包括麦芽糖、蔗糖、乳糖等，其含量为 0.5%～3%。

单糖和双糖均易溶于水，故总称可溶糖，具有甜味，是茶叶滋味物质之一。茶叶中的单糖和双糖在代谢过程中，在一系列转化酶的作用下，易于转化成其他化合物。除此之外，这两类糖还参与香气的形成，如"板栗香""焦糖香""甜香"等就是在制茶过程中，糖类本身的变化及其与氨基酸反应(糖氨反应或称美拉德反应)、多酚反应的结果。

3.多糖

茶叶中的多糖包括淀粉、纤维素、半纤维素、果胶和木质素等物质，它们占茶叶干物质的

20%以上。其中淀粉含有1%～2%；含量较多的是纤维素和半纤维素，含9%～18%。淀粉在茶树体内是作为一种贮藏物质而存在的，因此在种子和根中含量较丰富。纤维素类物质是茶树体细胞壁的主要成分，整个茶树就靠着纤维素、半纤维素和木质素起支撑作用才能正常生长。多糖无甜味，除水溶性果胶外，都不溶于水。

广义而言，茶叶中的茶多酚、有机酸、芳香物质、脂肪和类脂等物质都是糖的代谢产物。糖类物质又是重要的呼吸基质，因此，糖类的合成和转化是茶树生命活动的重要因素。

淀粉：在一定制茶条件下，可水解为麦芽糖或葡萄糖，可增强茶汤滋味。

纤维素、半纤维素：其含量随叶片老化而增加，是茶叶老化、嫩度差的标志。在茯砖、康砖及普洱茶等茶加工中，由于微生物的大量繁殖，分泌了大量水解酶，如纤维素酶分解纤维素成可溶性糖。

(二)茶皂甙

茶叶中的糖类物质，除上述以外，还有很多与苷键连接糖类的物质。其中主要包括果胶、各种酚类的糖甙、茶皂甙、脂多糖等。

1.果胶

果胶质是茶叶中的一种胶体物质，是由糖代谢形成的高分子化合物，其含量约占茶叶干重的4%。分为原果胶和水溶性果胶，可溶于水的果胶称为水溶性果胶（包括果胶素和果胶酸），在茶鲜叶中含量为0.5%～2%。水溶性果胶有黏稠性，能帮助揉捻卷曲成条、茶叶外观油润，可增加茶汤的甜味、香味和厚度。原果胶不溶于水，是参与构成细胞壁的成分。

2.茶皂甙

茶皂甙又名茶皂素，存在于茶树种子、叶、根、茎中，种子中含量最多，为1.5%～4.0%。通常将种子中的皂素称为茶籽皂素，而茶叶中的皂素称为茶叶皂素。茶皂素味苦而辛辣，在水中易起泡，粗老茶的粗味和泡沫可能与茶皂素有关。茶皂素是由木糖、阿拉伯糖、半乳糖等糖类和其他有机酸等物质结合成的大分子化合物。茶籽榨油后的饼粕中富含茶皂素，饼粕中粗皂素的提取率可达20%左右。工业制取的粗皂素已有广泛的用途，这是茶籽综合利用的途径之一。

茶叶中的脂多糖是类脂和多糖等物质结合在一起的一种大分子物质，其中50%左右是类脂，30%～40%是糖类，10%左右是蛋白质等其他物质。茶叶中脂多糖的含量为0.5%～1.0%。提取的脂多糖进行动物注射试验有抗辐射的功效，已引起国内外研究工作者的兴趣。

九、茶叶中的维生素

茶树鲜叶中维生素类占干物质的0.6%～1.0%。茶叶中的维生素，包括脂溶性维生素和水溶性维生素两大类，有16种。脂溶性维生素有维生素A、维生素D、维生素E和维生素K

等;水溶性维生素的含量很丰富,包括维生素 C(抗坏血酸)、维生素 B_1(硫胺素)、维生素 B_2(核黄素)、维生素 B_3(泛酸)、维生素 B_{11}(叶酸)、类维生素 P(儿茶素和黄酮类物质)、维生素 B_5(烟酸)和肌醇(又称环己六醇或纤维醇或肌糖)等。水溶性维生素主要有维生素 C 和 B 族维生素,因为它们能溶解于茶汤,所以容易被人体吸收。

这些维生素都以各种形式参与茶树的生长代谢,如维生素 B_5 以辅酶 A 的形式参与糖、蛋白质、脂肪的代谢;维生素 B_6 则参与氮的代谢;维生素 B_{11} 参与核酸、咖啡碱的代谢;肌醇与儿茶素合成有关等。

十、茶叶中的矿物元素

茶树是多年生的木本植物,在生长过程中选择性地从环境和土壤中富集多种矿物元素,为其生长发育所需。茶叶矿物元素[1],是组成茶无机成分的元素,其含量也就是茶叶质量标准中的灰分。茶叶经过550℃灼烧残留下来的物质称为灰分,这些物质占茶叶干物质的4%~7%。茶叶中的灰分主要是一些金属元素和非金属氧化物(还包括碳酸盐等),统称为粗灰分。

灰分中含有铁(Fe)、锰(Mn)、铝(Al)、钾(K)、钙(Ca)、镁(Mg)、磷(P)、硫(S)、硅(Si)、氯(Cl)等,以铁、锰、铝较多,此外还有氟(F)、碘(I)、硒(Se)等[2]。

根据灰分的溶解性质,分为:

水溶性灰分:氧化钾(K_2O)、氧化钠(Na_2O)、三氧化硫(SO_3)、五氧化二磷(P_2O_5)磷酸盐、硫酸盐、硅酸钾(钠)、氯化物等,占茶叶总灰分的50%~60%。

酸不溶性灰分:氧化硅、硅酸铁、硅酸锰等。

酸溶灰分:其他灰分。

随着茶芽新梢的生长,叶片逐渐成熟,钙、镁等含量增加,而水溶性灰分含量减少,茶叶品质下降。因此,水溶性灰分含量高低也是区别鲜叶老嫩的标志之一。

灰分含量是茶叶出口检验项目之一,一般要求出口茶样(含压制茶的沱茶)的灰分含量小于6.5%;红碎茶的末茶,绿茶的茶片、秀眉等的灰分不宜超过7.0%;压制茶(含普洱散茶)的灰分含量不宜超过7.5%。

茶树生长发育与其他生物体一样需要矿物元素。矿物元素与茶树生长及代谢也有很大关系,如茶树缺锌,叶绿素含量就要降低,铜可影响碳水化合物和蛋白质的合成。

各种元素在茶树各器官的分布情况:在根部中含量高的有铜、铅、镉等;在老叶中含量高的有氟、铝、硒、钙、铁、硅、硼等;在嫩叶中含量高的有锌、镁、钾、砷、镍等。所含元素在泡茶中浸出率各不相等,优质茶首泡茶汤中相对浸出率稍低,但第二、第三泡则高,无论茶叶品质高低,一般连续冲泡两次,元素相对浸出率均在85%以上。茶树矿物元素随茶树品种、叶龄、树龄、土壤、施肥等条件而异。同一茶类、不同地区的茶叶中,其矿物元素含量和种类都不同。矿质元素对茶树生理效应和人体营养具有重要意义。

【复习思考题】

1.茶叶中的主要化学成分可归纳为多少类?
2.茶多酚的氧化产物是什么?与什么物质能发生显色反应?
3.儿茶素的理化性质如何?
4.咖啡碱的性质如何?
5.氨基酸中的茶氨酸的特点及其与品质香味的关系为何?
6.茶叶中的芳香物质组分种类及不同茶类的香气特征有哪些?

【参考文献】

[1]戴寰,王瑞雪,田笠卿.茶叶中的微量元素[J].茶业通报,1986,12(6):1—4.
[2]成洲.茶叶加工技术[M].北京:中国轻工业出版社,2017.

项目二　茶树生育过程中化学成分的变化

【知识目标】

(1)掌握茶叶茶籽萌发过程、新梢伸育过程中主要化学成分的变化。

(2)掌握茶树年周期生育过程中主要化学成分的变化。

(3)掌握茶树各部位主要化学成分的差异。

【技能目标】

(1)能介绍茶籽萌发过程、新梢伸育过程中的主要化学成分。

(2)具备概括茶树年周期生育过程中主要化学成分的变化规律的能力,认识不同季节茶叶与品质的关系的能力。

(3)具备概括茶树各部位主要化学成分差异的能力。

【必备知识】

茶树的一生由种子萌发、生长到衰老,经历的时间是很长的,可达数十年之久。在这漫长的时间里年复一年地生长和发育,茶树体内各种物质的变化虽然非常复杂,但年周期生育的基本节律变化是不大的。弄清楚茶树生育过程中基本化学成分的变化,对进一步提高茶叶产量和品质是有好处的,现分别讨论如下。

一、茶籽萌发过程中化学成分的变化

在茶籽成熟过程中,各种贮藏物质都趋于积累,成熟的茶籽,含有相当丰富的贮藏物质,主要是脂肪(30%左右)、蛋白质(11%左右)和淀粉(24%左右)。种子播种以后,在适当的温湿度条件下,就会开始萌动发芽生长。茶籽萌发过程中,各种贮藏物质都趋于水解,转化成胚芽、胚根生长需要的并且是可利用的各种物质,诸如糖、氨基酸、有机酸等。茶籽中的贮藏物质主要贮藏于子叶中,茶籽萌发过程中要消耗大量的贮藏物质,因此子叶的重量是随茶籽萌发过程而逐渐减轻的,如表2—1所示。

表2-1 茶籽萌发过程中子叶干重的变化

（费达云等，1964）

生育期	休眠茶籽	萌动	根伸长	发芽	芽伸长	将出土	出土	休止
子叶干重（百粒重，g）	74.4	43.26	52.09	39.88	39.88	32.57	30.36	17.89

子叶干重的减少，主要是内含物质的水解造成的，由图2-1可以看出，无论是脂肪、蛋白质和淀粉在茶籽的萌发过程中都是急剧下降的，到幼苗出土第一次生长休止时下降至最低点。也就是说，茶籽萌发到此为止主要靠自身的贮藏物质作为营养的主要来源，这一阶段可称为"自养阶段"；从此以后，茶苗要逐渐靠吸收养分来维持生育，可称为"异养阶段"的开始。因此在生产实践中，掌握茶籽萌发后营养阶段的改变，适当地补充水、肥，这对培育好壮苗是很有好处的。

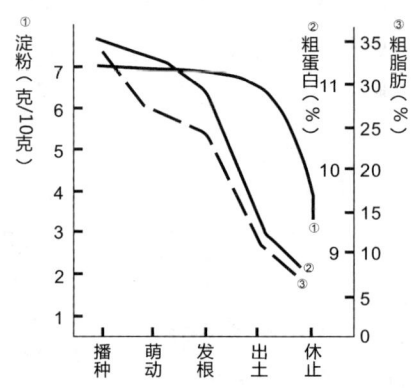

图2-1 茶籽萌发过程中贮藏物质的变化

（费达云等，1964）

茶籽萌发过程中，由于呼吸作用的加强，新陈代谢趋于旺盛，物质转化的结果，产生了大量的有机酸，如表2-2所示，茶籽萌发以后，柠檬酸、苹果酸、苯丙酮酸等都明显增加，有机体中有机酸的增加是代谢旺盛的标志之一。

表2-2 茶籽萌发后某些有机酸增加的情况（含量单位：毫克/克）

（杰姆哈捷）

生育期	柠檬酸	苹果酸	苯丙酮酸
茶籽	3.5	1	0.02
40天种苗	4.5	8.5	0.3
60天种苗（根）	6	12.5	2.3
60天种苗（地上部）	3.1	5.4	6

与茶叶品质关系密切的某些成分，如儿茶素等是在种子萌发以后才逐渐形成的。茶籽萌发过程中，开始合成的儿茶素是非酯型儿茶素（即简单儿茶素），随着幼苗的生长，合成酯型

儿茶素(即复杂儿茶素)的比例逐渐增大,如表2—3所示,这种变化也反映了种子萌发过程中代谢途径的转变。

表2—3 茶籽萌发过程中各种儿茶素所占比例的变化

儿茶素	萌发天数			
	18	28	41	67
L—EGC	26.3	29.1	22.7	22.1
D,L—GC	19.9	15.4	19.9	3.5
L—EC+D,L—C	29.5	20.2	10.7	5.9
L—EGCG	10.4	16.5	36	56.6
L—ECG	13.7	18.6	10.8	11.9
儿茶素总量(毫克/克)	0.067	0.239	0.714	2.834

种子萌发过程中含氮化合物总的来看有所减少,但长成幼苗后就大幅度增加,这种增加的速度是相当快的,如表2—4所示。

表2—4 茶籽萌发后主要含氮化合物的变化

(В.П.参那瓦,1977)

含氮化合物		种子	萌发种子	幼苗
总氮量(%)		1.81	1.77	3.95
咖啡碱氮(%)		0.12	0.15	1.27
游离氨基酸氮(%)		0.09	0.1	0.42
氨基酸(毫克%)	天冬氨酸+天冬酰胺	30.75	21.79	121.85
	丝氨酸	1.54	1.32	30
	精氨酸	17.2	20.95	57
	谷氨酸+谷氨酰胺	4.25	8.6	31.7
	茶氨酸	2.1	0.45	3.04
	其他氨基酸	27.56	37.89	184.78
	合计	83.4	91	428.37

二、茶树新梢伸育过程中化学成分的变化

新梢是茶树地上部最活跃的部分,物质代谢非常旺盛。由于新梢中富含各种有益的化学成分,因此是制茶的主要原料。所谓"鲜叶"是指采摘离体后的新梢,鲜叶品质的好坏直接影响着制茶品质,因此,了解新梢伸育过程中化学成分的变化是很有实践意义的。

(一)多酚类物质的变化

茶树新梢伸育过程中多酚类物质的变化是极为明显的。从新芽萌发、逐渐展叶到新梢成熟老化，多酚类的总含量及其组成成分的变化与茶树的新陈代谢密切相关。代谢旺盛的幼嫩组织合成茶多酚的能力很强，随着新梢的成熟老化过程，合成茶多酚的能力逐渐减弱，因此含量递减，如表2-5所示。

表2-5　茶树新梢伸育过程中茶多酚、儿茶素含量的变化(%)

物质	芽	一芽一叶	一芽二叶	一芽三叶	一芽四叶	一芽五叶
茶多酚	26.84	27.15	25.31	23.6	20.56	16.39
儿茶素	13.65	14.68	13.93	13.61	11.92	10.96

从表2-5可以看出，无论是茶多酚还是其中的儿茶素，由芽生长至一芽一叶时其含量有所升高，从一芽一叶以后均逐渐递减。就儿茶素的含量来看，到一芽三叶为止儿茶素含量的减少不甚显著，一直保持着较高的水平，因而，这也是制茶的优良原料。从一芽四叶以后，儿茶素含量急剧下降。

茶树新梢伸育过程中儿茶素组成成分的变化，以龙井种夏梢为例，分析结果如表2-6所示。

表2-6　新梢伸育过程中各种儿茶素含量的变化(mg/g)

儿茶素	L-EGC	D,L-GC	L-EC+D,L-C	L-EGCG	L-ECG	总量
芽	8.67	5.83	8.52	104.96	19.32	147.35
一芽一叶	15.63	6.2	9.15	88.93	30.41	150.32
一芽二叶	18.23	4.84	9.83	76.1	28.47	137.47
一芽三叶	27.37	6.61	10.29	65.03	25.2	134.5
一芽四叶	22.47	6.06	9.9	53.37	24.23	116.03

从表2-6可以看出，整个新梢伸育过程中，无论哪个阶段，六种主要儿茶素含量最多的是L-表没食子儿茶素没食子酸酯(L-EGCG)，其次是L-表儿茶素没食子酸酯(L-ECG)和L-表没食子儿茶素(L-EGC)，含量较少的是L-表儿茶素(L-EC)和D,L-儿茶素(D,L-C)，还有D,L-没食子儿茶素(D,L-GC)含量也是较少的。新梢芽叶中这种儿茶素含量比例的相对稳定性是茶树新陈代谢的特点之一。

儿茶素的各组成成分在茶树新梢伸育过程中的变化情况表现却是不一致的。L-EC+D,L-C、D,L-GC的变化规律不太明显。能明显看出其变化趋势的是L-EGCG和L-ECG(尤其是L-EGCG)，它们的含量随着新梢的伸育成长有不断减少的趋势；与此相反，L-EGC却有不断增加的趋势，直到开始老化，才稍有下降。因而没食子酸酯类儿茶素(L-EGCG+L-ECG)和L-表没食子儿茶素(L-EGC)的这种相互消长关系，在一定程度上可以作为茶叶嫩度的指标。

上述茶多酚和儿茶素的变化说明了多酚类的形成和积累与茶树的新陈代谢强度有着密切的关系。试验表明，茶多酚、儿茶素的合成强度与呼吸代谢强度密切相关，如图 2-2 所示，因此可以认为儿茶素是茶树呼吸代谢的产物。

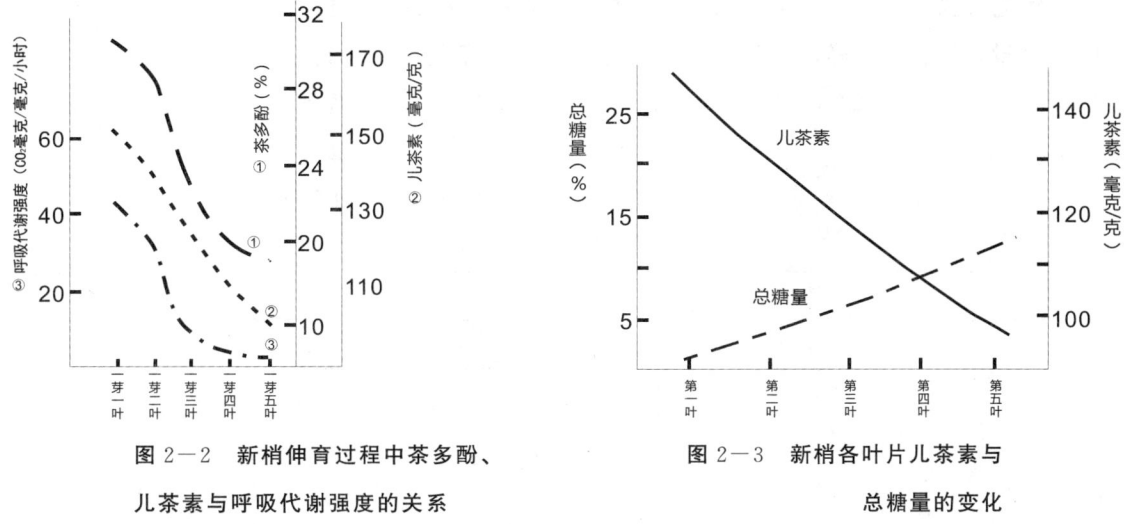

图 2-2　新梢伸育过程中茶多酚、
儿茶素与呼吸代谢强度的关系

图 2-3　新梢各叶片儿茶素与
总糖量的变化

新梢伸育的初期，光合作用产生的糖，在呼吸作用的同时，很大一部分转化形成了儿茶素。随后，新梢逐渐成熟老化，儿茶素合成速度减慢，糖类才逐渐积累增多，因此儿茶素含量与总糖量在新梢伸育过程中是相互消长的关系。试验测定新梢不同叶片的儿茶素及总糖量的结果如图 2-3 所示。

组成茶多酚的物质除了儿茶素以外，还有黄酮醇类和花青素等物质。黄酮醇类物质的含量随着叶片生长有增加的趋势，但茎梗中含量甚少（如表 2-7 所示）。花青素的含量与品种有很大关系，往往是一叶及二叶初展时含量较高，以后，花青素逐渐向黄酮醇类转化，花青素含量逐渐减少，芽叶由紫红色转变成绿色。茶叶中酚酸的含量占茶多酚的比例不大，以没食子酸、绿原酸等为主，研究表明，嫩梗中的绿原酸含量比新梢叶片高，如某品种新梢芽中绿原酸含量为 496mg%，第一叶为 657mg%，第二叶为 604mg%，而嫩茎中却有 888mg%。

表 2-7　茶叶伸育过程中黄酮醇类的变化(%)

（三轮悦夫，1978）

叶位	春茶	夏茶
一芽一叶	0.71	0.66
第二叶	1	0.94
第三叶	1.2	1.15
第四叶	1.25	1.17
茎	0.49	0.35

(二)含氮化合物的变化

茶叶中的含氮化合物主要包括蛋白质、氨基酸、咖啡碱等。如前所述，这些物质与茶叶品质密切相关。因此研究这些物质在新梢伸育过程中的变化，有着现实的意义。

含氮化合物通常是在新梢幼嫩时含量较高，随着新梢的生长老化逐渐递减，因此测定茶叶的全氮量，就能比较确切地反映茶叶的老嫩程度。茶树新梢各部位的全氮量、咖啡碱和氨基酸的含量由表2-8的分析实例可以看出，这些成分都是随着新梢叶片的生长老化而逐渐减少的。

表2-8 新梢不同叶位全氮量、咖啡碱和氨基酸的分析结果(%)

(三轮悦夫，1978)

茶季	新梢叶位	全氮量	咖啡碱	氨基酸
春茶	一芽一叶	6.53	3.5	3.11
	第二叶	5.95	3	2.92
	第三叶	5.15	2.65	2.34
	第四叶	4.13	2.37	1.95
	茎	4.12	1.31	5.73
夏茶	一芽一叶	5.55	3.88	1.29
	第二叶	4.82	3.43	0.61
	第三叶	3.86	2.67	0.48
	第四叶	3.22	2.42	0.35
	茎	2.37	1.5	1.73

茶叶新梢中所含的氨基酸据分析至少有十七八种之多，含量最多的是茶氨酸，其次是谷氨酸、精氨酸、天冬氨酸和丝氨酸，其他氨基酸含量甚少。这些氨基酸在新梢伸育过程中含量变化的趋势与氨基酸总量基本上是一致的，如表2-9所示，随着叶片的生长老化而递减，值得注意的是，新梢嫩茎中氨基酸含量甚高，这对制茶品质是有积极影响的。

表2-9 新梢不同叶位各种氨基酸的含量变化(毫克%)

(三轮悦夫，1978)

氨基酸	一芽一叶	第二叶	第三叶	第四叶	嫩茎
茶氨酸	1832	1516	1275	1163	4346
精氨酸	425	698	518	356	122
天冬氨酸	245	193	128	105	163
丝氨酸	188	128	103	75	669
谷氨酸	274	246	189	160	202

续表

氨基酸	一芽一叶	第二叶	第三叶	第四叶	嫩茎
其他氨基酸	143	135	126	89	226
总量	3107	2916	2339	1948	5728

茶叶中的蛋白质虽然只有少量能溶于水，但是蛋白质的含量与芽叶嫩度是呈正相关的。新梢中蛋白质的合成强度反映着代谢的旺盛程度，因此新梢越是幼嫩的部分，蛋白质含量越高，随着叶片生长老化含量递减，茎梗中含量最低，如表2－10所示。

表2－10　新梢各叶位蛋白质的含量(%)

新梢叶位	蛋白质
芽	29.06
第一叶	26.06
第二叶	25.62
第三叶	24.94
第四叶	22.5
第五叶	20.15
嫩茎	17.4

(三)糖类化合物的变化

糖类化合物又称碳水化合物，主要包括单糖、双糖、淀粉、纤维素、半纤维素和木质素等。碳水化合物是光合作用的产物，试验表明，接近成熟的叶片光合作用最强。因此，新梢伸育过程中，糖类化合物是一个由少到多的积累过程。无论是单糖、双糖、淀粉和纤维素都是随着叶片的生长老化，含量逐渐增加，如表2－11所示。

表2－11　新梢各叶位各种糖类化合物的含量(%)

(中山仰等，1973)

新梢叶位	单糖	双糖	淀粉	纤维素
一芽一叶或第一叶	0.77	0.64	0.82	10.87
第二叶	0.87	0.85	0.92	10.9
第三叶	1.02	1.66	5.27	12.25
第四叶	1.59	2.06	—	14.48
茎	2.61	—	1.49	17.08

由表2－11可以看出，新梢中各种糖类化合物幼嫩部分较少，老化后增多。其中纤维素更是如此，因为纤维素是细胞壁的主要成分，纤维素含量高时叶质硬化，因此纤维素是茶叶老嫩度的重要指标。试验表明，纤维素与茶叶品质呈明显的负相关。

果胶是糖类的代谢产物,果胶中可溶于水的部分称为水溶性果胶,水溶性果胶通常是嫩叶中含量较高,叶片老化后有所减少;而全果胶则与此相反,通常是随着叶片生长老化而有所增加,如表2-12所示。

表2-12 新梢各叶位水溶性果胶和全果胶的含量(%)

(三轮悦夫,1978)

新梢叶位	水溶性果胶	全果胶
一芽一叶	1.66	3.84
第二叶	1.98	4.02
第三叶	1.82	4.27
第四叶	1.4	4.41
茎	1.13	3.69

维生素C又称抗坏血酸,是糖的衍生物,其变化趋势通常是第二叶含量最高,然后随着叶片成熟老化含量逐渐下降。如福鼎大白茶春梢测定结果就是如此,如表2-13所示。

表2-13 新梢不同叶位维生素C的含量(%)

新梢叶位	一芽一叶	第二叶	第三叶	第四叶	茎梗
维生素C	1.222	1.587	1.456	1.299	0.548

(四)色素的变化

新梢芽叶中叶绿素、胡萝卜素、叶黄素随叶片长大成熟发生明显变化,而这几种物质是油溶性物质(也就是醚浸出物主要成分)。叶绿素的含量通常是随着新梢伸育而逐渐增多,直到一芽三、四叶或四、五叶时达到高峰,以后随着新梢成熟老化而有所减少,如表2-14所示。

表2-14 新梢伸育过程中叶绿素的含量变化(%)

春茶伸育期	叶绿素含量	夏茶伸育期	叶绿素含量
一芽一叶	0.28	一芽二叶	0.45
一芽二叶	0.41	一芽三、四叶	0.5
一芽三叶	0.42	伸育停止	0.49
一芽四叶	0.44		
一芽五叶	0.45		
伸育停止	0.38		

新梢上不同叶位的叶绿素含量如前所述也是接近成熟的叶片含量较高,而胡萝卜素、叶黄素的含量以及类胡萝卜素总量也具有同样的趋势,随着叶片长大成熟含量增加,如表2-15所示。

表 2-15 新梢各叶位胡萝卜素的含量(%)

(S.Venkatakrishna,1979)

叶位	类胡萝卜素		
	总量	β-胡萝卜素	叶黄素
第一叶	0.025	0.006	0.018
第二叶	0.036	0.007	0.024
第三、四叶	0.041	0.008	0.03
成熟叶	0.126	0.05	0.072

胡萝卜素在制茶过程中,经过氧化降解,可以产生紫罗兰酮、茶螺烯酮和二氢海内酯等芳香物质,这对发酵茶和半发酵茶形成花香有一定作用。所以乌龙茶要采摘近于成熟的芽梢做制茶原料,以有利于花香的形成。

(五)酶活性的变化

茶叶中许多生化变化过程,都是在酶的催化作用下进行的。新梢伸育过程中各种物质的形成与转化都与某些酶的活性有关,例如茶叶中儿茶素的合成与苯丙氨酸脱氨酶的活性密切相关,这种酶活性高时,儿茶素的合成也多,如表 2-16 所示。这是因为儿茶素生物合成过程中的中间产物苯丙氨酸必须在苯丙氨酸脱氨酶的催化作用下才能转化成其他前导物而后逐步合成儿茶素。

表 2-16 新梢中苯丙氨酸脱氨酶的活性与儿茶素的含量分布

叶位	酶活性(单位/克鲜重)	儿茶素含量(干重%)
第一叶	9.48	26.1
第二叶	5.39	25.5
第三叶	3.89	23
第四叶	1.76	20.5

新梢伸育过程中抗坏血酸氧化酶和多酚氧化酶的活性都是随着新梢生长成熟而逐渐下降的,如表 2-17 所示。

多酚氧化酶的这种变化规律,与红茶制造中发酵状况密切相关,幼嫩芽叶中酶活性较高,容易发酵形成较多的茶黄素,而成熟老化的叶子由于酶活性较低,往往形成的茶黄素较少,品质相对较低。

表 2-17 新梢伸育过程中多酚氧化酶与抗坏血酸氧化酶活性的变化

(毫克/克干重·小时)

伸育阶段	多酚氧化酶	抗坏血酸氧化酶
芽	187.14	45.61

续表

伸育阶段	多酚氧化酶	抗坏血酸氧化酶
一芽一叶	166.6	42.34
一芽三叶	122.29	26.87
一芽五叶	80.26	19.65
梢下老叶	45.42	12.24

(六)无机成分的变化

新梢伸育过程中总灰分含量是随着生长老化而逐渐增加的,其中的水溶性灰分通常是幼嫩芽叶中含量较高,老化以后含量下降。灰分及其组成成分的变化如表2—18所示,新梢上部叶片中含量较多的成分是磷、钾、锌;新梢下部叶片中含量较多的成分是钙、锰、铝。铁的含量没有明显的趋势。

表2—18 新梢不同叶位灰分及其组成成分的含量(%)

(三轮悦夫,1978)

新梢叶位	一芽一叶	第二叶	第三叶	第四叶	茎
总灰分	6.08	6.31	6.44	6.61	6.58*
水溶性灰分	3.43	3.33	3.32	3.03	3.74
磷	0.98	0.8	0.57	0.44	0.39
钾	2.34	2.38	2.18	1.9	2.5
镁	0.4	0.35	0.28	0.25	0.25
锌	0.0043	0.0035	0.0026	0.0029	0.0021
钙	0.057	0.071	0.093	0.123	0.118
锰	0.031	0.041	0.054	0.071	0.039
铝	0.068	0.089	0.091	0.132	0.064
铁	0.037	0.051	0.031	0.046	0.022

* 为三叶以上嫩茎中的含量。

三、茶树年周期生育过程中化学成分的变化

茶树是多年生植物,每个年生长周期的情况虽然有所不同,但是基本规律是大同小异的。总是秋冬季积累养分,春季来临开始萌发生长,经过头轮、二轮、三轮和四轮新梢的伸育又进入秋冬季的相对休眠阶段。在这个年周期生育过程中各种化学成分发生着深刻的变化,这种变化一是和各种生理现象相联系,二是受着各种外界环境条件的影响。现将茶树年周期

生育过程中化学成分的基本变化规律归纳如下。

(一)茶树体内贮藏物质的变化

茶树体内最基本的贮藏物质是碳水化合物,碳水化合物的年周期变化是和茶树的年生长节律密切相关的。每轮新梢萌发生长的初期,都要消耗大量的养分,碳水化合物的含量开始下降,直到茶树新梢近于成熟时,才开始积累碳水化合物。下一轮新梢萌发生长时,又消耗养分,而后碳水化合物逐步开始积累,到第二年春梢萌发前,碳水化合物的含量达到最高峰。如图2—4所示,茶树的根、茎、叶中全糖量和淀粉含量均是如此。

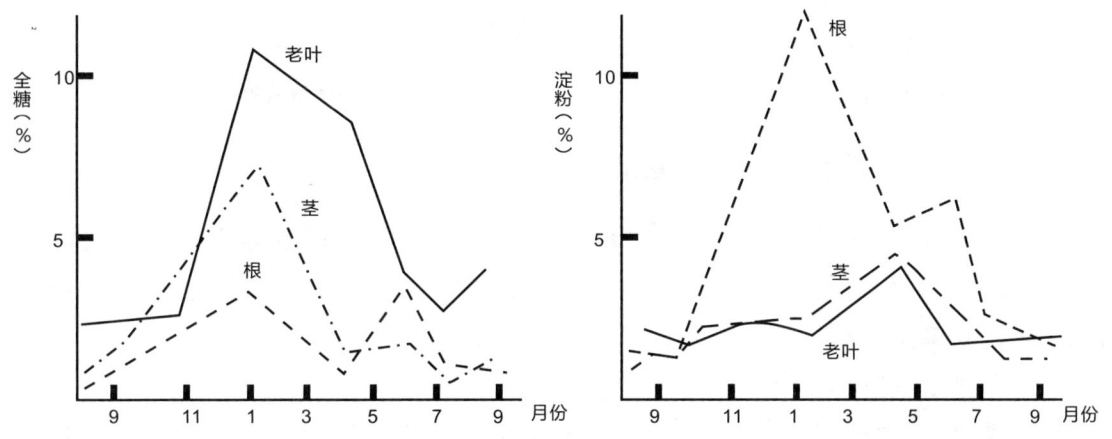

图2—4 茶树体内碳水化合物的年周期变化

如以每株茶树为单位来观察,试验证明,从秋茶后到春茶前,茶树体内的碳水化合物是逐渐增多的,直到春茶采摘后才开始下降,如图2—5所示。

由图2—4、图2—5均可看出,春茶萌发前茶树体内碳水化合物的含量达到最高峰,这对春梢的萌发生长和春茶的产量显然是很重要的。据测定,春茶新梢伸育中消耗的养分70%左右来源于茶树本身贮藏的碳水化合物。众所周知,茶树体内碳水化合物的绝大部分是由光合作用形成的,而光合作用主要靠叶子来进行,因此秋冬季茶树上的留叶量多少与第二年春梢萌发前的碳水化合物含量多少是密切相关的。这就要求采摘时适当留叶,尤其是夏秋茶留叶采是很有必要的。因为夏梢和秋梢(7~8月)光合作用强度大,碳水化合物生产量也较多,如图2—6所示,因而夏秋茶采摘后留下的叶片会给茶树本身制造更多的贮藏养分,对第二年的春梢萌发生长是很有好处的。

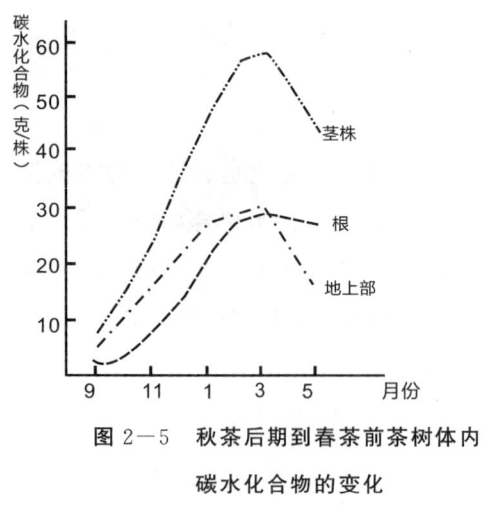
图2-5 秋茶后期到春茶前茶树体内
碳水化合物的变化

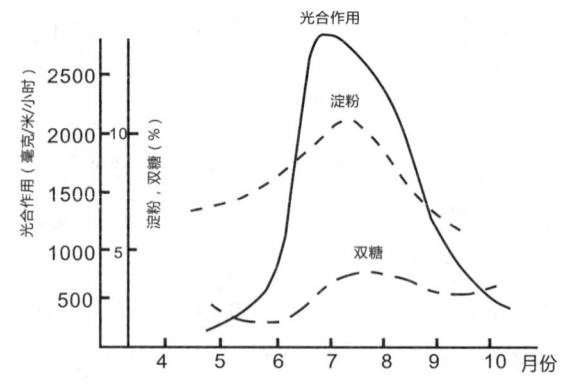
图2-6 年生长周期茶树新梢的光合作用与
碳水化合物的积累情况

(二)与茶叶品质有关成分的变化

茶叶中与品质有关的成分很多,主要的有茶多酚(其中主要是儿茶素类物质)、氨基酸、咖啡碱、糖及各种芳香物质等。了解这些物质在茶树年周期生育过程中的变化,对进一步提高茶叶品质是有积极意义的。

1.茶多酚及儿茶素年周期变化

茶多酚是茶树的特征性物质之一,每当新梢萌发时就大量合成这种物质,在幼嫩芽梢中儿茶素含量极为丰富,可达15%～20%;而叶片老化以后含量迅速下降,一般老叶中只含5%～8%。老叶中的儿茶素在代谢过程中也可再被利用,因此,每当春梢萌发生长时,老叶中的儿茶素含量逐渐有所下降,被利用来供给新梢生长。这时老叶中的养分被大量消耗以后就纷纷落叶。随着新叶的成熟,新的成熟叶就代替了旧的老叶而起着重要的生理作用。如图2-7所示,茶树上层老叶中儿茶素含量的年周期变化就说明了这一点。5月底,新梢上的成熟叶片,儿茶素含量较高,随着生长季节的交替,叶片更加老化,其中的儿茶素逐渐被利用,含量也就逐渐下降。直到第二年春梢生长以后下降至最低点,耗尽养分后而落叶,从而结束一个年周期的循环。

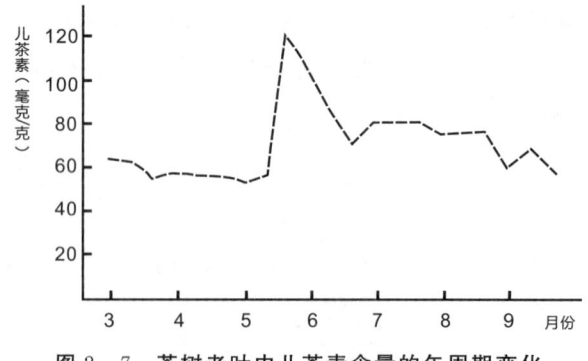
图2-7 茶树老叶中儿茶素含量的年周期变化

茶叶嫩梢中茶多酚及儿茶素的年周变化，主要决定于气温的高低及茶树本身的代谢强度。以一芽二叶为例，儿茶素含量在年生长周期中的变化如图2-8所示。

由图2-8可以看出，无论是茶多酚和儿茶素含量均在6~7月份出现高峰，这是由于此时气温较高，茶树合成茶多酚的能力较强。年生长周期中，春梢茶多酚和儿茶素含量总是较低的。茶多酚及儿茶素的这种变化规律与茶叶品质密切相关，春茶的滋味一般较醇和，夏秋茶一般较苦涩，茶叶滋味的这种变化，主要决定于多酚类物质的含量。

分析年生长周期中一芽二叶的儿茶素组成，其结果如图2-9所示。

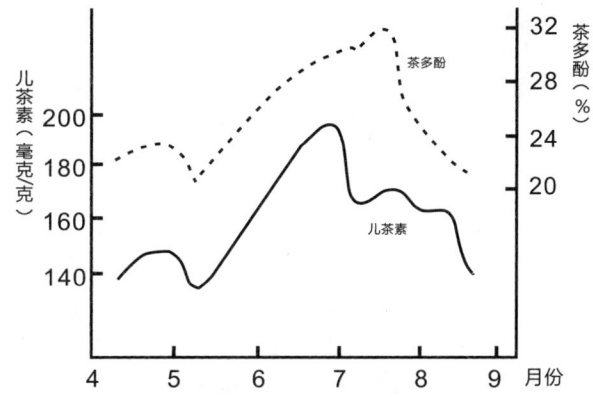

图2-8　一芽二叶嫩梢茶多酚、儿茶素含量的年周期变化

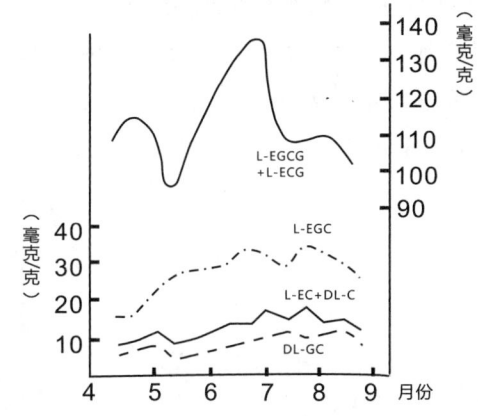

图2-9　一芽二叶新梢中儿茶素各组成成分的年周期变化

从图2-9可以看出，各儿茶素年周期变化的总趋势是和儿茶素总量一致的，在一年中6~7月份夏茶期间为最高峰，春茶和秋茶为低峰。值得注意的是，L-EGCG和L-ECG的含量变化与儿茶素总量相类似，除年周期的总趋势是低—高—低以外，春夏秋三个茶季似乎均形成有各自单峰的现象。各茶季始末萌发的新梢儿茶素（主要是L-EGCG和L-ECG）含量均较低，各茶季中期萌发的新梢含量较高。各茶季这种单峰的形成，主要可能是各茶季中期的一芽二叶新梢的代谢强度和叶片活力均比茶季始末强得多。

2.含氮化合物年周期变化

含氮化合物是影响茶叶品质的又一类重要物质,其中氨基酸与品质的关系尤为密切。茶叶中含氮化合物质含量与氮肥的供给情况及茶树的氮代谢有关。年生长周期中春茶的初期含氮量是最高的,以后逐渐下降。进入夏茶以后,由于氮肥的供给情况不如春茶好,茶树对氮肥的吸收也较差,加之气温较高,对茶树体内的氮代谢有所影响。另外,有些含氮物质作为其他次生物质的前导物而转化走了,因此夏茶的含氮量往往较低。到了秋茶季节由于氮代谢的条件有所改善,所以含氮量往往又有所回升。含氮量的这种年周期变化如图 2-10 所示。

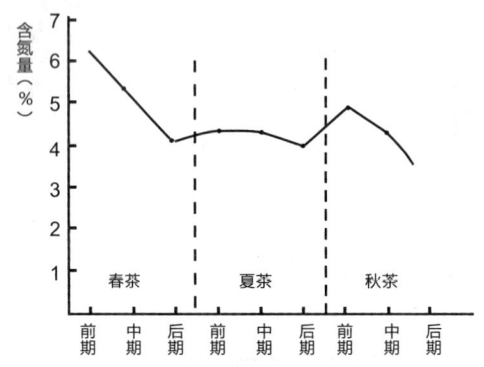

图 2-10 茶树嫩梢含氮量的年周期变化

氨基酸是含氮化合物中与品质关系最为密切的成分,它的含量高低是绿茶品质好坏的重要标志。春茶早期往往是一年中绿茶品质最好的时期,很多名茶,比如高级龙井、碧螺春、黄山毛峰、庐山云雾茶、高桥银峰等,都是春茶早期采下幼嫩芽叶经过精细的加工制作而成的,它们内含物的一个共同点,都是氨基酸含量很高。氨基酸含量的年周期变化就是如此,春茶最高,夏茶最低,秋茶又有所回升,其变化规律是与含氮量基本一致的,如图 2-11 所示。

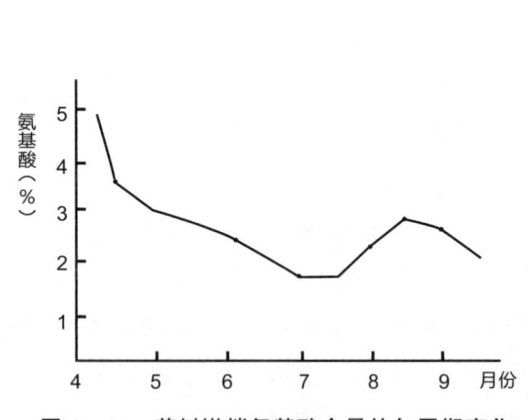

图 2-11 茶树嫩梢氨基酸含量的年周期变化

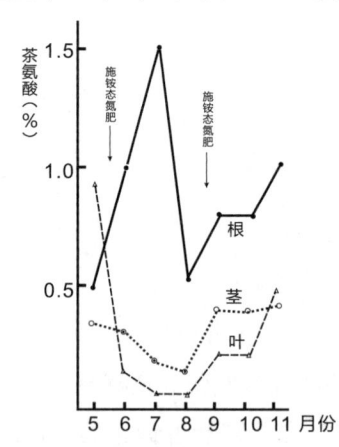

图 2-12 茶树根、茎、叶中茶氨酸的年周期变化

茶叶中含有大约 20 种氨基酸,其中茶氨酸含量最多,占氨基酸总量的 40%~60%。茶树年生长周期中,叶内茶氨酸的含量变化趋势与氨基酸总量是一致的。而茶树根中茶氨酸的

含量与氮肥的施用有很大关系,往往在施用铵态氮肥以后,茶氨酸的含量大幅度增加。根中合成的氨基酸可以输送到地上部的嫩梢中,因此氮肥的施用对提高氨基酸含量进而提高茶叶品质是有利的。茶树根、茎、叶中茶氨酸的年周期变化如图2—12所示。

咖啡碱在不同季节中,夏茶常比春茶和秋茶含量高。

3.芳香物质年周期变化

茶叶中的芳香物质种类很多,芳香物质总量的季节变化是很明显的,通常是春茶最高,夏茶次之,秋茶更次。但是各种不同的芳香物质,其含量的季节变化并不完全一样,有的物质春茶含量高,如己烯醛、己烯醇、戊烯醇等具有青草气或清香的物质,具有强烈新茶香的正壬醛和己烯己酸酯就是春茶含量最高,到了夏秋茶时显著减少。有的香气物质到秋茶时含量增加,比如具有茶香的苯乙醇、苯乙醛、醋酸异戊酯等秋茶含量最高。我国不少茶区到了秋高气爽的秋茶季节会有几批茶叶出现明显的花香,这是因为很多花香物质在这个时期大量形成的关系。某些芳香物质在不同茶季中的含量变化如图2—13所示。

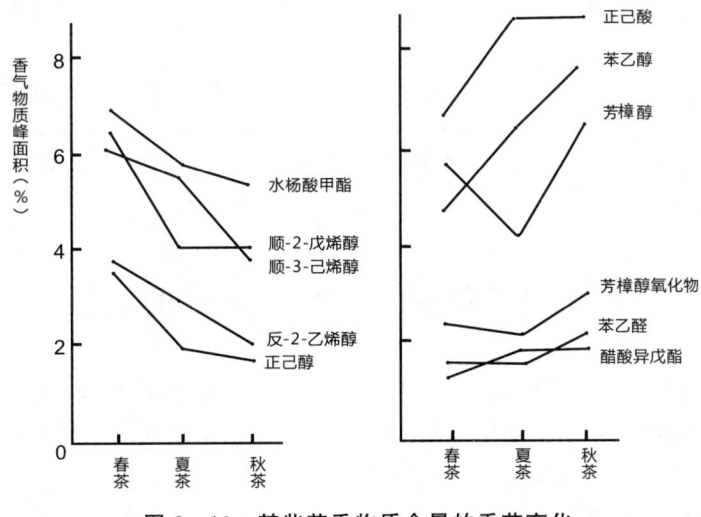

图2—13 某些芳香物质含量的季节变化

4.维生素及汤色变化

茶叶中富含各种维生素,维生素是营养成分,也属影响品质的成分。维生素C、B_1和B_2的季节变化是很明显的,如图2—14、图2—15所示,春茶初期维生素C含量较高,以后逐渐下降,所以从营养的角度来看,春茶初期的细嫩芽叶制成的各种茶叶富含维生素C,比其他茶季的茶叶更具有营养价值。维生素B_1是各茶季初期含量高,以后逐渐下降,维生素B_2的变化不太明显。

与绿茶汤色有密切关系的黄酮类物质,春茶比夏茶高,如表2—19所示,无论是槲皮甙、飞燕草甙、云香甙都是春茶含量较高,这对形成春茶明亮的黄绿色茶汤是有好处的。

形成茶汤苦味的花青素通常是夏秋茶的含量比春茶高,夏茶常见的紫色芽叶就是花青素含量较高的缘故。

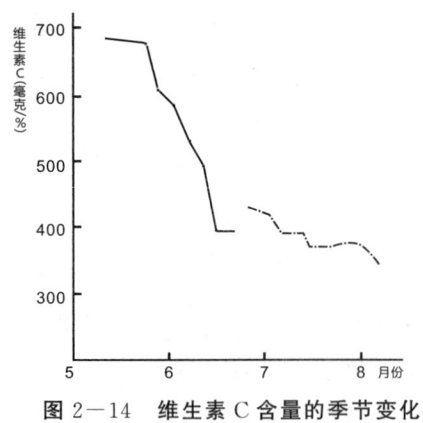

图2-14 维生素C含量的季节变化

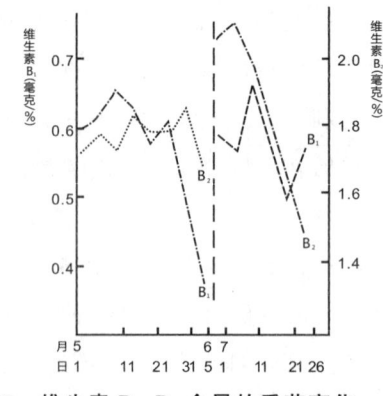

图2-15 维生素B_1、B_2含量的季节变化

表2-19 春夏茶黄酮甙含量(%)

(阿南丰正,1974)

黄酮甙	春茶	夏茶
槲皮甙	0.49	0.22
飞燕草甙	0.35	0.16
云香甙	0.15	0.05

与茶叶外形色泽和茶汤"身骨"有关的果胶物质常常是春茶最高,夏茶次之,秋茶最低。据日本阿南丰正分析的结果:春茶4.12%,夏茶2.76%,秋茶2.55%。

四、茶树各部位主要化学成分的差异

茶树根、茎、叶、花、果各部位,由于组织结构和生理机能上的差异,化学成分的组成和数量比例很不相同。嫩梢芽叶中,生长代谢机能十分旺盛,儿茶素、氨基酸、咖啡碱等与品质有关的成分,其合成速度和数量都是很难测算的,含量十分丰富。老叶就不一样,上述物质的合成速度减慢,糖和淀粉等含量增加,随着叶子的成熟老化,逐渐变成贮藏养分的器官。茎起着支撑和生长叶片的作用,输送水分和养分并能贮藏营养物质,因此纤维素、木质素、淀粉和糖的含量较丰富。种子起着繁殖下一代的作用,与一般植物种子一样,蛋白质、淀粉和脂肪的含量十分丰富,不仅如此,茶籽中还含有丰富的茶籽皂素。

茶多酚在茶树体内各部位的含量差异是很大的,就茶多酚中的主体物质——儿茶素而言,主要集中在茶树新梢的生长旺盛部分,老叶中含量就较少,老茎和根中的含量甚微。尤其是茶树根部,不仅儿茶素总含量少,而且只含有非酯型儿茶素的L-EC和D,L-C,如表2-20所示。

表2-20 儿茶素在茶树体内部位的分布(mg/g)

儿茶素	L-EGC	D,L-GC	L-EC+D,L-C	L-EGCG	L-ECG	总量
嫩叶	18.56	4.89	6.3	59.66	22.76	112.17
上层老叶	10.76	4.67	6.87	16.88	15.12	54.24

续表

儿茶素	L－EGC	D,L－GC	L－EC+D,L－C	L－EGCG	L－ECG	总量
下层老叶	9.66	3.51	4.28	21.83	13.5	52.78
嫩茎	12.44	8.77	9.95	26.52	10.94	68.62
上层老茎	2.37	2.37	4.77	2.67	4.19	16.37
下层老茎	—	痕量	3.19	—	—	3.19
主根	—	—	1.75	—	—	1.75
侧根	—	—	2.03	—	—	2.03
细根	痕量	痕量	5.08	—	—	5.08

由表2－20可以看出，茶树各部位儿茶素含量的变化是很显著的，其中变化最大的是酯型儿茶素（L－EGCG和L－ECG），茶树个体从上到下迅速递减，下层老茎和根中几乎不含酯型儿茶素。由此可见酯型儿茶素在茶树体内的合成是有一定条件的，这与光合作用和呼吸作用的强度、叶绿体的存在与否、能量的大小都有很大的关系。

茶树体内各部位含氮化合物的分布也是差异很大的。如表2－21所示，全氮量和各种氨基酸的含量均以嫩叶中最高，木质化的茎和根中含量最低。

表2－21　茶树各部位总氮(%)和氨基酸含量(毫克%鲜重)

成分	第一叶	第六叶	茎皮	茎木质部	吸收根	果皮	子叶
全氮量	5.04	3.73	1.8	0.61	2.52	1.64	2.62
氨基酸总量	328	66.1	33	30.4	47.2	126	151.8
天冬氨酸	25.1	9.7	2.5	2.7	1.6	15	22.4
谷氨酸	49.5	17.8	3	6.9	1.8	21	17.6
丝氨酸	15.6	4.3	3.2	0.2	0.6	14.2	5.8
天冬酰胺	3.4	—	—	—	17.5	—	—
苏氨酸	4.6	—	—	—	—	2.3	微量
丙氨酸	4.6	4.3	4.2	1.1	1.1	7.2	15.2
谷氨酰胺	6.9	7.8	5.1	4.5	2	12.4	36.6
γ－氨基丁酸	—	0.8	6.1	3.3	0.6	5	7.4
缬氨酸	1.8	—	—	微量	—	2.7	5.8
亮氨酸	2.5	微量	—	微量	—	—	—
未知物	—	—	—	微量	1.2	—	—
豆叶氨酸	—	—	—	—	—	21	29.8
茶氨酸	214	21.3	8.9	6.9	38.3	微量	—
赖氨酸	—	—	—	—	—	—	6

咖啡碱也属含氮化合物，在茶树体内各部位的分布规律与氨基酸、茶多酚是基本一致的，嫩梢中含量最高，老叶、老梗中含量甚低，如表2－22所示。

表2－22　茶树各部位咖啡碱的含量(%)

茶树各部位	咖啡碱含量
茶芽及第一叶	3.55
第四叶	2.09
嫩茎	1.19
绿梗	0.71
红梗	0.62
花	0.8
绿色果实外壳	0.6

引自安徽农业大学主编《茶叶生物化学》，1980。

无机成分在茶树体内的分布差异也是很显著的，如表2－23所示，新叶相对含量较多的是磷、钾；成熟叶中相对含量较多的是钙、镁、锰、铝；枝干中相对含量较多的是铁、锌；根中相对含量较多的是磷、钾、镁、铁、锌、铜。

表2－23　茶树各部位无机成分的含量

（石垣幸三等，1977）

成分	磷（%）	钾（%）	钙（%）	镁（%）	锰（%）	铁（%）	铝（%）	锌（PPm）	铜（PPm）
新叶	0.4	2.32	0.51	0.6	0.059	0.032	0.096	48	23
成熟叶	0.38	1.06	2.04	0.76	0.172	0.019	0.388	36	27
枝干	0.35	0.46	0.7	0.34	0.035	1.93	0.105	267	19
根	0.8	1.42	0.53	0.87	0.008	0.696	0.114	360	62

【复习思考题】

1.茶籽萌发过程中贮藏物质有何变化？

2.茶树新梢伸育过程中多酚类物质的变化如何？

3.茶多酚是茶树的特征性物质之一，茶叶嫩梢中茶多酚及儿茶素的年周期变化怎样？

4.含氮化合物是影响茶叶品质的又一类重要物质，为什么？

5.氨基酸是含氮化合物中与品质关系最为密切的成分，为什么？

6.茶叶中的芳香物质种类很多，其总量在不同的季节是否一样，为什么？

7.茶树体内最基本的贮藏物质是碳水化合物，其年周期有何变化？

8.茶树各部位主要化学成分的含量差异如何？

项目三 环境对茶树物质代谢的作用

【知识目标】
(1)掌握光照、温度、水分、土壤、纬度、海拔对茶树物质代谢的作用基本规律。
(2)掌握氮磷钾及矿物质元素对茶树物质代谢的作用。

【技能目标】
(1)基本具备应用环境因素对茶树物质代谢作用原理管理茶叶生长的能力。
(2)基本具备运用氮磷钾及矿物质元素对茶树物质代谢作用原理以确保茶叶高产优质的能力。

【必备知识】

茶树的物质代谢一方面受固有遗传特性的控制有条不紊地进行着,另一方面,它又受各种环境条件和栽培技术措施的影响而产生深刻的变化。了解这种变化,并理解其中原理,运用其中规律,对进一步获得茶叶的高产、优质是有积极作用的。

一、不同生态条件下的化学成分代谢

茶树栽培在不同的环境条件下,外部形态会发生显著的变化,诸如叶形大小、叶色、叶组织的结构等都有明显的差异。不仅如此,环境条件的改变,还会对茶树体内的物质代谢产生深刻的影响。由于代谢方向、代谢强度发生变化的结果,导致茶叶各种内含化学成分的种类和数量比例上产生明显的差异。下面就各主要环境因子对茶叶化学成分的影响分别进行讨论。

(一)光照

1.光照度与茶树生育

太阳光是植物进行光合作用获得能量的唯一源泉,茶树通过光合作用合成碳水化合物,积累干物质。同时,茶树体内的某些物质代谢也受光照的影响而发生着深刻的变化。因此,光照与茶叶产量、品质是密切相关的。

茶树比较喜光，但是不耐强光，有着较强的耐阴性。茶树大部分干物质都是通过茶树自身的光合作用而形成的，因此茶树生长也需要一定光照，光照不足的话，枝条发育明显不良；反之，叶片厚实有光泽，品质较好。同时要注意根据季节控制好光照强度及时间，例如在夏季的时候，要控制好中午的光照强度，适当遮光，保证茶树正常生长。

茶树起源于我国西南的森林地带，长期的系统发育过程中，适应于在漫射光多的条件下生长，所以云南大叶种等原始类型的茶树对光照强度要求低，而随着茶树的向北移植，叶片增厚、栅状组织和维管束发达，气孔数较多，光饱和点一般较高。鉴于这种情况，我国南方一些茶区可适当采用遮阳技术，以利茶树生育，提高产量。据云南胶茶间作的实践，利用橡胶树遮荫的结果表明，适当遮阳（当遮光率达30%～40%）有利于茶树干物质的积累，提高产量；而当遮光率达50%以上时，产量明显下降。如图3－1所示。

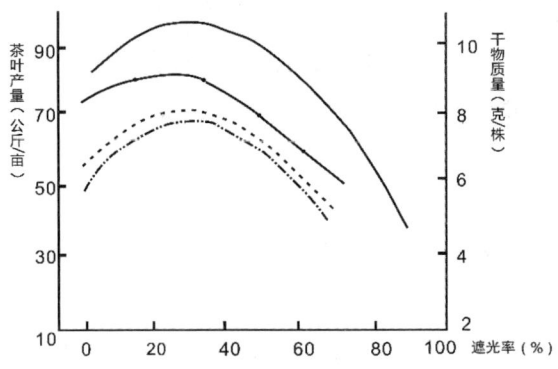

图3－1 胶茶间作橡胶荫蔽度与茶叶产量、干物质重量的关系

适当遮光不仅能提高产量，而且对茶树体内的物质代谢有着深刻影响，能提高有关影响绿茶品质的化学成分，从而改善绿茶品质。

适当遮光对物质代谢的影响，主要表现在对碳、氮物质代谢上。特别是较重度遮光后，碳代谢明显偏低，糖类、多酚类物质的含量有所下降；而氮代谢明显加强，全氮、咖啡碱、氨基酸的含量有所增加，如表3－1所示。特别是适当地遮光处理以后，各种氨基酸都大幅度增加，因此有利于绿茶品质的提高，如表3－2所示。适当遮光能提高氨基酸含量的原因，在于遮光处理后，抑制了氨基酸的分解代谢，抑制了氨基酸向茶多酚的转化，因而增加了氨基酸的积累量。

表3－1 光照对茶叶主要化学成分含量的影响

（程启坤，1982）　　　　　　　　　单位：%

化学成分	春茶		秋茶	
	自然光照	遮光	自然光照	遮光
全氮量	5.14	5.65	4.16	4.67
氨基酸	2.37	3.12	0.62	1.02

续表

化学成分	春茶		秋茶	
	自然光照	遮光	自然光照	遮光
咖啡碱	2.76	3.00	2.94	3.48
茶多酚	14.41	13.66	20.12	18.43
还原糖	2.15	1.32	2.00	1.33

表3-2 光照对茶叶中氨基酸组成含量的影响(毫克%)

氨基酸	春茶		秋茶	
	自然光照	遮光处理	自然光照	遮光处理
茶氨酸	1140.6	1956.4	310.0	486.0
谷氨酸	246.4	277.4	123.0	152.6
天冬氨酸	151.8	251.8	83.4	130.8
精氨酸	123.0	463.2	25.4	61.8
丝氨酸	154.2	225.2	61.8	79.6
其他氨基酸	65.8	203.2	56.0	96.2
氨基酸总量	1881.8	3377.2	659.8	1007

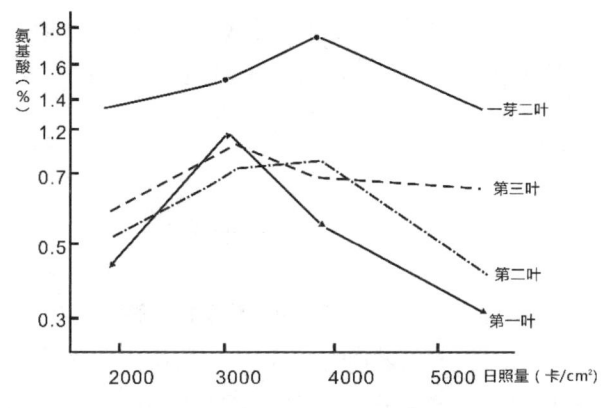

图3-2 日照量对氨基酸含量的影响

光照对氨基酸含量的影响与光照强度有关,试验表明过弱和过强的光照对氨基酸的合成积累都不利,如图3-2所示。以日照量而言,当日照量达3000~4000卡/平方厘米时,茶树新梢中氨基酸含量最高。但是遮光处理对茶多酚总的生物合成有所抑制,所以茶多酚总量有所下降。其中儿茶素的组成发生明显的变化,如表3-3所示,遮光后儿茶素总量虽然有所下降,但是酯型儿茶素(L-EGCG和L-ECG)是增加的,就是在严重遮光的情况下,对酯型儿茶素的合成也是影响不大。与此相反,非酯型儿茶素,特别是L-表没食子儿茶素(L-EGC),遮光处理后,其含量明显下降。据以往的研究认为,酯型儿茶素与L-表没食子儿茶素的比值(即儿茶素品质指数)越大,茶叶嫩度越好,绿茶品质越高。遮光处理后,正好能达到提高儿茶素品质指数的目的。

表 3－3　光照对儿茶素含量的影响(微克分子/克干重)

(P. J. Hilton,1974)

儿茶素	自然光照	遮光处理*
L－EGC	116	91
D－GC	15	6
L－EC	20	12
D－C	3	3
L－EGCG	111	135
L－ECG	29	37
儿茶素总量	294	284

* 遮光率为 40%。

遮光处理还促进了酶蛋白的合成，消除了高温和强光对多酚氧化酶活性的抑制。因此，适当遮光有利于提高多酚氧化酶的活性，如图 3－3 所示。这种酶活性的提高，对提升红茶的品质也有促进作用。

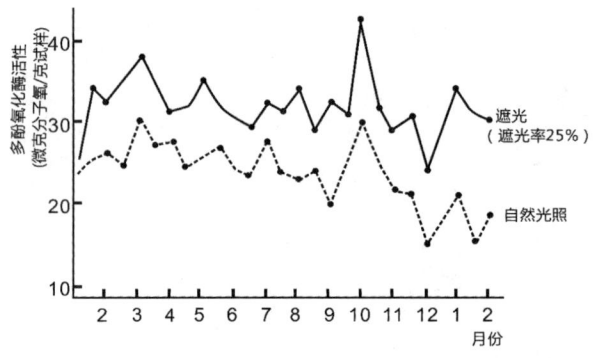

图 3－3　光照对多酚氧化酶活性的影响

遮光处理后酯型儿茶素的比重有所增加，但 L－表没食子儿茶素明显减少，这一点可能对某些茶黄素的形成是不利的。据有关研究表明，适制红茶的品种，不仅儿茶素总量要高，而且其中的酯型儿茶素和 L－表没食子儿茶素含量也要高。因此，遮光后 L－表没食子儿茶素含量下降这一点，对要求形成更多的茶黄素，提高红茶品质是不利的。试验表明，遮光处理的鲜叶所制成的红茶，茶黄素含量有所下降，所以，对提高红茶品质的要求而言，遮光程度不宜过分，一般以 60%～70% 的遮光率为宜。

钟圣赟等[1]对不同遮荫处理对海南大叶种茶叶产量和品质季节变化的影响研究表明，52% 遮荫度可显著提高春、夏、秋季海南大叶种茶叶鲜重和发芽密度。夏、秋季 52% 遮荫度可降低茶叶酚氨比，春季 78% 遮荫度可降低茶叶酚氨比，详见表 3－4。

表 3－4　不同遮荫处理对主要内含物质含量的影响

（钟圣赞，2019）

遮光率(%)	水浸出物(%)			咖啡碱(%)			茶多酚(%)			氨基酸(%)		
	春	夏	秋	春	夏	秋	春	夏	秋	春	夏	秋
52	45.41	43.69	35.09	1.76	1.65	1.97	38.35	31.61	38.66	2.47	4.40	5.80
78	32.55	49.25	38.53	1.76	1.73	1.84	39.59	34.55	44.00	4.80	4.14	5.68
85	23.60	28.62	34.33	1.77	2.04	1.79	36.17	39.11	47.28	3.93	4.05	5.31
90	38.54	43.02	19.67	1.83	1.84	1.64	27.79	36.38	37.08	3.57	3.81	4.90
0	40.66	45.11	12.92	1.55	1.50	1.72	38.09	38.72	33.56	3.57	3.69	3.95

注：研究品种为云南大叶种，春季为3月，夏季为7月，冬季为9月。

2.光质与茶树生育

对于茶叶产量、品质的影响除了光照强度以外，光质的影响也是很大的。从叶绿素的吸收光谱可知，对可见光中的橙红光吸收最多，其次是对蓝紫光的吸收，这些光波提供能量的作用最大。但是，从生产实用的角度出发，提供什么颜色的光源，对提高产量和改善品质更为有利呢？据日本中山仰（1979）的研究表明，用黄色网状遮光幕对茶树进行遮蔽，除去蓝紫光，为茶树提供黄色光幕，这样既能促进茶树新梢的伸育，也能给予物质代谢积极的影响，提高叶绿素、总氮量和氨基酸的含量，有利于改善绿茶品质。试验采用各种颜色的网状遮光幕（黄色，遮光率70%；红色，遮光率为63%；紫色，遮光率为41%；蓝色，遮光率为39%），它们对新梢伸育的影响差别是很大的，如表3－5所示。试验表明，红色覆盖物和供给紫外光的处理，新梢伸育极差；所有处理中以能消除蓝紫光的黄色覆盖物，对新梢的伸育最为有利，其促进了新梢伸长、增重，展叶数增多，叶面积增大，叶片稍薄而柔软，这种芽叶产量高且质量好。

不同光质对物质代谢的影响也是很显著的，试验分析氨基酸、水分、叶绿素、总氮量、茶多酚的结果，如表3－6、表3－7所示。可见除去紫蓝光的黄色覆盖物，氨基酸、叶绿素和水分的含量明显提高，因而绿茶的色泽、滋味和新梢的持嫩性都有显著增进。此外，茶多酚的含量有所下降，这对改善夏季绿茶的品质可能是有利的。

表 3－5　不同光质对新梢伸育的影响

（中山仰，1979）

覆盖色	供给光源	新梢长（厘米）	新梢重（克）	展叶数（片）	叶面积（厘米^2）	叶厚（微米）
	紫外光	8.7	0.57	4.7	12.6	275
白色	自然光	12.1	1.09	5.3	21.2	276
黄色	除去蓝紫光	14.2	1.03	5.4	23.6	219

续表

覆盖色	供给光源	新梢长（厘米）	新梢重（克）	展叶数（片）	叶面积（厘米²）	叶厚（微米）
红色	除去蓝绿光	5.6	0.42	4.8	10.1	245
紫色	除去绿黄光	10	0.71	5.1	16.4	238
蓝色	除去橙红光	10.9	0.58	4.7	19.7	223

表3-6 不同光质对一芽三叶中氨基酸含量的影响(毫克%)

（中山仰，1979）

覆盖色	白色	黄色	紫色	蓝色
供给光源	自然光	除去紫蓝光	除去绿黄光	除去橙红光
精氨酸	4.26	20.6		17.24
天冬氨酸	60.31	89.61	60.04	76.2
丝氨酸	27.04	43.92	23.03	35.32
茶氨酸	313.2	460.21	223.36	341.8
谷氨酸	97.1	146.81	98.65	123.9
其他氨基酸	44.04	73.68	39.98	55.26
氨基酸总量	545.94	834.83	445.06	649.72

表3-7 不同光质对主要成分含量的影响(%)

（中山仰，1979）

处理	水分		叶绿素		总氮量		茶多酚	
	第一叶	第三叶	第一叶	第三叶	第一叶	第三叶	第一叶	第三叶
紫外光	73.9	73.4	0.276	0.347	5.71	4.65	11.5	9.7
自然光	74.5	72.8	0.319	0.372	5.76	4.46	11.3	8.9
除去蓝紫光	75.7	75	0.428	0.462	5.53	4.45	10.8	9
除去蓝绿光	74	72.1	0.277	0.395	5.48	4.29	12.1	9.1
除去绿黄光	73.5	72.1	0.331	0.331	5.01	4.14	11.1	8
除去橙红光	74.5	74	0.294	0.408	5.26	4.51	12.4	8.1
不覆盖（对照）	72.9	70.4	0.137	0.247	5.22	4.57	10.1	9.3

为了探求采用黄色覆盖物时适宜的光照强度，进行了强/弱光照的对比试验，结果表明，以弱光照的效果更好，更有利于叶绿素、氨基酸等成分含量的提高，如表3-8所示。

项目三 环境对茶树物质代谢的作用

表 3－8 同一光质下强弱光照对比

(中山仰，1979)

处理		叶绿素(%)	水分(%)	总氮量(%)	氨基酸(毫克%)	茶多酚(%)
黄色	强光照	0.393	75.6	6.96	2018	12.9
	弱光照	0.399	76.3	7.48	2301	10.7
不覆盖(对照)		0.396	72.3	6.06	1810	13.1

根据上述的若干试验结果表明，采用能除去蓝紫光的黄色网状遮光幕确能调节物质代谢，提高有效成分的含量，因此采用这种覆盖材料对改善夏季绿茶品质是有利的，如表3－9、表3－10所示。随着化学工业的发展，这种覆盖物将在茶叶生产上有广泛的实用前途。

表 3－9 黄色覆盖材料对夏茶新梢伸育的影响

(中山仰，1979)

处理	新梢长(厘米)	展叶数	新梢重(克)	产量(克/20平方厘米)	总氮量(%)
覆盖	6.0	3.3	0.51	26.7	6.17
不覆盖	5.9	2.9	0.52	21.0	5.59

表 3－10 黄色覆盖材料改善夏茶品质的作用(审评给分)

(中山仰，1979)

处理	外形	色泽	香气	汤色	滋味	总分
覆盖	16	13.8	12.5	12.3	11	65.6
不覆盖	12	10.3	11.8	11.5	11	56.6

注：夏茶期间在树冠以上40厘米高覆盖，遮光率为18%。

与白光相比，红、黄、绿光可促进芽梢伸长，叶面积扩大，蓝、紫光抑制芽梢伸长，叶面积减小；蓝、紫光下比叶重增加，红光下比叶重略有减少，如表3－11所示[2]。不同光质条件下，对品质成分的影响表现为蓝、紫、绿光下，氨基酸总量、叶绿素和水浸出物含量较高；而茶多酚含量相对减少，如表3－12所示。红光下的光合速率高于蓝、紫光，红光促进糖类的形成，红光也就有利于茶多酚的形成。蓝、紫光则促进氨基酸、蛋白质的合成[3]。在一定海拔高度的山区，雨量充沛，云雾多，空气湿度大，漫射光丰富，蓝、紫光比重增加，这就是高山云雾茶氨基酸、叶绿素和含氮芳香物质多，茶多酚含量相对较低的主要原因。

表 3－11 光质对茶树叶片形态、气孔密度的影响

(陶汉之，1989)

	黄	红	绿	蓝	紫	白
一芽三叶						
顶端2个节间长(cm)	4.7	6	4.2	4	3.9	4.1

续表

	黄	红	绿	蓝	紫	白
顶端3片叶面积(cm²)	35.3	53.3	36.3	29.5	28.9	30.3
成年叶						
比叶重(mg/cm²)	6.5	5.2	6.2		7.7	5.6
叶面积(cm²)	27.6	31	29.7	26	26.7	27
表皮细胞数:个/mm²	980	1079	1107	1228	1257	1042
1×10^5(个/片)	27	33.4	32.9	31.9	33.6	28.1
气孔密度(个/mm²)	161	146	157	178	180	166
气孔指数	16.4	13.6	14.2	14.5	14.3	15.9

注:节间长度为10个芽梢的平均值,1987年6月21日测定;成年叶叶面积为1986年春、夏、秋三次测定平均值,每次测定16片叶。

表3-12 不同光质下茶叶品质成分的变化

(陶汉之,1989)

光质	叶绿素(%)	水浸出物(%)	茶多酚(%)	氨基酸(%)	咖啡碱(%)
黄	0.434	41.62	23.23	4.09	4.37
红	0.428	41.59	23.36	3.47	4.10
绿	0.453	42.99	22.31	4.76	3.88
蓝	0.504	43.61	21.40	4.26	4.06
紫	0.512	43.50	18.95	4.28	3.85
白	0.414	40.35	23.06	3.56	3.68

注:春茶一芽二叶,三次重复平均值。

(二)温度

一年中各季气温变化很大,温度的高低对物质代谢的影响也是很大的。温度不宜过高或过低,超出茶树的适温范围就会压制茶树的生长,降低产量以及品质。正常情况下,茶树生长的适温范围在25℃左右,最高不可超出34℃。超出的话,茶树的生长速度下降,甚至会停止生长。而且温度也不宜过低,低于10℃的话,根部会停止活动。这也是茶树在冬季无法生长的主要原因,有时候还会导致茶树产生冻害。

在一定的温度范围内,各种酶活性是随温度升高而增强的,而物质代谢和酶活性密切相关,因此在10℃～35℃的范围内,物质代谢的速度会随温度升高而加快。首先表现在糖类的合成、运输和转化的速度加快,由糖转化而形成茶多酚的代谢加速,所以在气温高的夏秋季合成的茶多酚就比气温较低的春季多。与此相反,在一定范围内,气温较低时,有利于氨基酸的运输和积累;气温过高,不少氨基酸加速分解,因此夏茶期间氨基酸的含量明显下降。

春茶和夏茶品质上的明显差别,主要是气温不同引起茶树物质代谢上的变化而形成的。春茶气温相对较低,有利于含氮化合物的形成和积累,因此,全氮量、氨基酸含量较高;但是对碳代谢来说,气温较低,代谢强度也较小,因此糖类以及由糖转化而来的茶多酚物质的含量也就比气温较高的夏茶相应低些。如表3-13所示,春茶的氨基酸含量比夏茶高得多,春茶后期的氨基酸含量比夏茶初期还要高,就是春季绿茶品质优良,夏茶品质较次的主要原因。

表3-13 春茶和夏茶主要成分的差异(%)

(梁濑好充,1978)

茶季		全氮量	氨基酸	咖啡碱	儿茶素			还原糖	维生素C
					游离型	酯型	总量		
春茶	初期	6.39	2.48	2.91	5.08	10.16	15.24	1.2	0.23
	中期	5.59	2.3	2.61	4.92	8.75	13.67	1.08	0.26
	后期	4.15	1.42	1.76	5.15	8.42	13.57	2.5	0.42
夏茶	初期	4.34	1.19	2.4	6.1	10.08	16.13	2.6	0.21
	中期	4.28	0.88	2.45	4.27	10.81	15.08	2.55	0.24
	后期	3.94	0.82	2.35	4.4	11.99	16.39	2.32	0.17

温度对茶树体内碳、氮代谢平衡的影响是很显著的,如以氨基酸代表氮化合物,茶多酚代表碳化合物。温度对碳氮代谢综合影响的结果,使得这两种代表物,似乎呈现着明显的负相关。如图3-4所示,在10℃~30℃的范围内,随着温度的升高,氨基酸逐渐下降;与此相反,茶多酚的含量随着温度升高而增加。

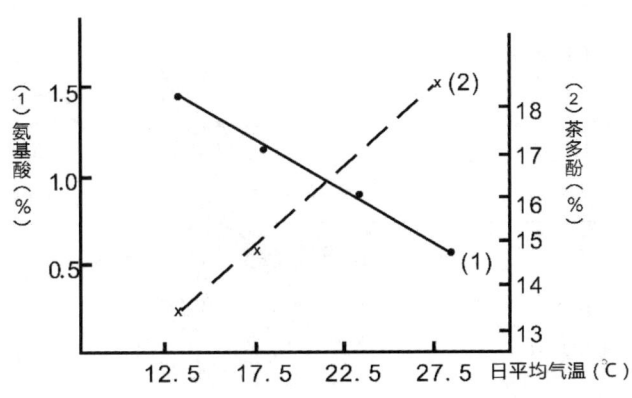

图3-4 气温对氨基酸和茶多酚含量的影响

茶叶的生产实践表明,日平均温度20℃左右,中午25℃,夜间10℃左右,这种情况下生产的茶叶品质一般较好;当日平均气温超过20℃,中午气温在35℃以上时,品质下降。气温过高,品质下降的原因虽然很多,但其中产生代谢障碍,加速了氨基酸的分解转化是原因之一。另外,温度过高,影响了根系对养分的吸收,根部合成氨基酸的数量减少。由此可见,为茶树生长发育创造适宜的温度条件,对提高品质、增加产量都是有好处的,如种植适当的遮荫树和喷灌等就是有效的措施。温度和日照往往是联系在一起的,日照量大、太阳辐射量大时往往也是高温季节,这时氮代谢不能顺利进行,氨基酸含量明显下降。因此,近年来日本开始采用遮光幕来改善茶树的光照和温度条件,以提高茶叶氨基酸的含量,改善夏茶品质。

王雪萍等研究温度对茶树扦插繁育的影响时指出,综合茶树根系及茶苗地上部生长指标,昼温保持在25℃~28℃、夜温20℃为宜,增加光照时间,有利于扦插苗根系和地上部生长。

(三)水分

水是一切生物生命活动必不可少的重要因素,光合作用、呼吸作用、养分吸收、物质的生成与转化等都离不开水。可以说,没有水就没有生命。

水是种植茶树不可缺少的一种生长环境。如果茶园浇水不足且湿度过低,对茶树生长是非常不利的。茶园每月的降水量要保证在100毫米以上,如果没有达到这个降水量就要及时浇水,保证茶树正常生长。还要适当调整茶园内的空气湿度,适合茶树生长的空气湿度在85%左右。如果湿度不足50%,不仅会降低茶叶的产量,对品质也会造成很大影响。

茶树在生长发育过程中,根系从土壤中吸收大量的水分,吸收来的水分虽然一部分供给光合作用,一部分积蓄在茶树体内,但大部分会从叶片的气孔蒸腾失去。茶树蒸腾作用的结果,一方面可调节体温,另一方面有利于茶树根系吸收更多的养分。茶园在一年里大约消耗水分1300毫米,4~9月耗水较多,约为900毫米。每天的耗水量如表3-14所示。

表3-14 茶园的耗水量

时期	每日的耗水量
3~4月	2毫米左右
5月~梅雨季节	2~3毫米
出梅~9月	5~6毫米
10~11月	2~3毫米
冬季	1毫米左右

在茶园供水不良的情况下,茶树的生长发育会受到严重影响,表现为生长迟缓、停顿,甚至枯焦死亡。同时,茶树体内物质代谢趋向水解,单糖和双糖增加,淀粉含量减少,蛋白质、茶多酚的生物合成受阻,含量急剧下降。试验分析干旱条件下各种主要内含物的变化如表3-15所示。

表3-15 干旱情况下新梢和叶片主要内含物的变化(%)

成分	嫩梢	未焦叶	半焦叶	全焦叶
含水量	68.8~69.8	58.5~58.9	48.5~48.8	17.0~19.3
含氮量	4.5~4.8	3.4	3.9	3.9

续表

成分	嫩梢	未焦叶	半焦叶	全焦叶
氨基酸	0.12	0.74	0.15	0.11
儿茶素	11.38	7.49	5.41	3.26
单糖	0.89	1.08	1.11	2.26
双糖	3.97	5.00	3.55	2.26
叶绿素	0.207	0.587	0.351	0.139

由表3-15可以看出，由于干旱缺水，嫩梢中的含水量已不到70%，随着叶片枯焦程度的加重，含水量急剧下降。由于水分含量的减少，物质代谢异常，叶绿素含量显著下降。因此，光合作用受阻，物质的合成代谢受到严重影响。从儿茶素和氨基氮的含量都能明显地看出，随着叶片枯焦程度的加重，它们的合成速度和积累量明显降低。由此可见，茶树缺水，不仅产量降低，而且品质也将大大下降。因此，旱期灌溉是茶园获得高产优质的重要技术措施。

胡承兴等[4]以5年生龙井43号绿茶为实验材料，研究不同覆盖方式对茶园土壤水分及茶叶产量的影响。结果表明：采用稻草＋薄膜覆盖方式对贵州开阳县春茶的生长环境是最好的方式，使得茶园土壤水分最高达到22.87%，茶叶鲜重产量最高达到179.88kg/667m²。茶叶的鲜重含量以稻草＋薄膜覆盖最高，依次为稻草覆盖、薄膜＋稻草覆盖、薄膜覆盖，最后是清耕处理。各种处理下的茶叶干重与清耕对照处理茶叶干重相比，稻草＋薄膜处理增产最高，增长26.92%；其次是稻草覆盖处理，增长23.78%；再次是薄膜＋稻草处理，增长19.58%；最后为薄膜处理，增长14.33%，如表3-16所示。

表3-16 不同覆盖方式对茶叶品质影响

(胡承兴，2016)

实验处理	鲜重(kg/667m²)	干重(kg/667m²)	新芽平均株高(cm)	平均总叶面积(cm²)	经济亩产值(元/667m²)
薄膜覆盖	161.64	32.70	10.21	60.6	26160
稻草＋薄膜覆盖	179.88	36.30	15.56	71.42	29040
稻草覆盖	177.76	35.40	14.33	67.52	27520
薄膜＋稻草覆盖	163.64	34.20	11.67	65.69	27360
清耕(CK)	139.99	28.60	8.480	52.53	22880

(四)土壤

土壤对茶树生长发育的影响是很大的，不同的土壤类型、土壤肥力、土壤酸碱度、土壤质地和结构、土层厚度和土壤的水分状况等，都会给茶树带来不同程度的影响。在种植茶树时，种植土壤的可耕作层要保证厚实松软,含有丰富的有机物质,土质疏松有着较强的通透性与保水保肥能力。茶树在沙壤土、壤土、黏壤土上都能良好地生长,但就茶叶品质而言,一般认为在含腐殖质较多的沙质壤土上生长的茶树,鲜叶中氨基酸含量较高、滋味鲜醇,茶叶品质较好;而生长在黏质黄土上的茶树,鲜叶中往往茶多酚类含量较多,味较苦涩。当土壤缺肥时,茶叶中的叶绿素、还原糖、非还原糖、总氮量、氨基酸等含量都将大大减少,茶叶品质低下。

茶叶中的氮、磷、钾含量高低与茶叶品质密切相关,品质好的茶叶氮、磷、钾含量也较高。而茶叶中的氮、磷、钾含量是受土壤中氮、磷、钾的浓度所支配的。盆栽试验的结果表明,随着土壤中氮、磷、钾浓度的提高,茶叶中含量也随之增加,如图3-5所示。

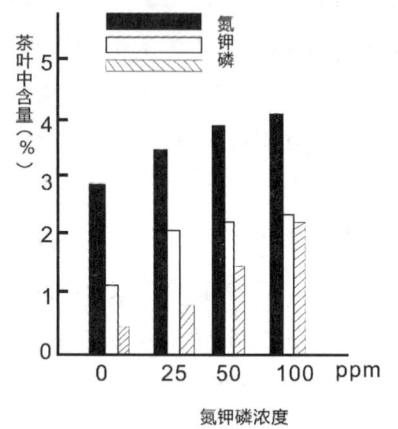

图3-5 茶叶中氮、磷、钾含量与土壤中养分浓度的关系

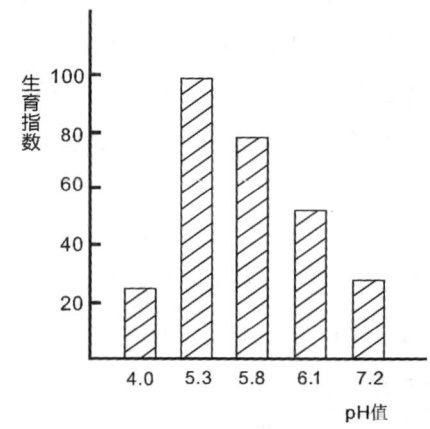

图3-6 土壤pH值对茶树生育的影响

土壤酸碱度对茶树生长影响很大,茶树生长最适的酸碱度,一般认为pH在4.5～6.5的范围内都能正常生长,pH在5～5.5时生长最好,pH低于4或高于7时,都影响叶绿素的形成,叶色往往发黄,甚至枯焦,生长不良。土壤pH对茶树生育的影响如图3-6所示。不仅如此,过酸或偏碱的土壤条件,促使茶树生理功能削弱,物质代谢受阻,因此合成与品质有关的成分也就较少。用不同pH的培养液进行茶苗水培试验的结果表明,茶多酚、儿茶素和氨基酸含量都以pH在5～6.5时为最高,pH低于5或高于6.5时,其含量均较低。由此看出,只有适宜的酸碱度,茶树才能旺盛生长积累干物质,为获得高产奠定基础;也只有在适宜的酸碱度条件下,茶树的碳氮代谢才能顺利进行,茶多酚、氨基酸等才能更多地合成,如表3-17所示。

表3-17 pH对干重、光合作用、氨基酸和儿茶素的影响

pH	干重(克/株)	光合强度(CO_2)	氨基酸(毫克/株)	茶多酚(毫克/株)	儿茶素(毫克/株)
4～4.5	1.36	0.55	9.92	152	90
5～5.5	1.52	0.64	14.11	173	158.4

续表

pH	干重（克/株）	光合强度(CO_2)	氨基酸（毫克/株）	茶多酚（毫克/株）	儿茶素（毫克/株）
6~6.5	1.47	0.42	32.8	174.5	146.2
7~9.0	0.98	0.16	5.98	101	70

茶树为什么喜欢酸性土壤而不能在碱性土壤中很好生长呢？因为茶树根液的缓冲能力在pH为5.7以上时，缓冲能力大大降低。植物体内的缓冲物质主要是有机酸和磷酸盐，有机酸在酸性条件下具有缓冲能力，而磷酸盐在偏碱性条件下具有缓冲能力。茶叶中富含草酸、柠檬酸、苹果酸等，所以在酸性条件下缓冲能力较强；由于茶树长期生长在有效磷含量较低的红壤中，茶叶的磷酸盐含量较少，因而在偏碱条件下缓冲能力极弱。由于系统发育的结果，使茶树形成不适于在中性和碱性土壤中生长的特性。

（五）纬度

我国茶区分布大致上是从北纬18°的海南岛到北纬38°的山东，约有十七个省（区）产茶，气候条件差别很大。纬度对茶叶化学成分的影响主要是气候条件不同所引起的。

一般而言，纬度较低的南方茶区，年平均气温较高，有利于碳化合物、多酚类物质的合成，因此生长在南方的茶树品种，往往含有较多的茶多酚，适制红茶；而生长在纬度较高的北方茶区的茶树，因年平均温度较低，有利于含氮化合物的合成和积累，往往氨基酸、咖啡碱等含氮物质相对较多，适制绿茶。就是同一品种生长在不同纬度地区，其化学成分的含量也是有很大差异的。如表3-18所示，生长在勐海的槠叶种鲜叶茶多酚、儿茶素含量都比生长在杭州的要高；与此相反，氨基酸和咖啡碱的含量却比生长在杭州的要低。

表3-18　不同纬度茶树鲜叶（一芽二叶）化学成分的差异（%）

地区	纬度（N°）	品种	茶多酚	儿茶素	氨基酸	咖啡碱
云南勐海	22.0	槠叶种	35.21	20.96	1.71	3.57
浙江杭州	30.5	槠叶种	20.69	13.75	4.12	4.04

日本茶区一般纬度都较高，但日本南部的鹿儿岛和北部的崎玉，两地由于气候条件的不同，反映在茶叶化学成分上的差异还是很明显的，如表3-19所示。

表3-19　日本不同茶区茶叶化学成分的差异（%）

地区	纬度（N°）	年平均气温（℃）	茶多酚	全氮量
鹿儿岛	31°31′	16.8	14	4.6
崎玉	35°55′	12.5	12.1	5.03

（六）海拔

海拔高度的影响，主要也是气候条件综合作用的结果。所谓高山出好茶，指的就是在出产优质名茶的地区往往与名山胜景相联系，如"庐山云雾茶""黄山毛峰"等就是如此。调查分析这些地区不同海拔高度生长的茶树，其鲜叶化学成分是有明显差异的，如表3－20所示。

表3－20 不同海拔高度对鲜叶化学成分的影响

（程启坤，1985）

地区	海拔（米）	茶多酚（%）	儿茶素（%）	茶氨酸（%）
江西庐山	300	32.73	19.07	0.729
	740	31.03	18.81	1.696
	1170	25.97	15.4	—
浙江华顶山	600	27.12	16.11	—
	950	25.18	14.29	—
	1031	23.56	10.4	—
安徽黄山	450	—	—	0.982
	640	—	—	1.632

高山茶园一般气候温和，雨量充沛，云雾较多，湿度较大，加之土壤腐殖质含量高，土壤肥活。茶树在这种优越的生态条件下，芽叶肥壮，持嫩性好，有利于含氮化合物的合成和积累，茶多酚合成稍有压抑，这就给制造优质绿茶创造了优越的物质基础。

儿茶素组分随海拔高度变化表现不同，EGCG、ECG 和 EC 随海拔高度的增加而降低[5]，而 EGC 和 GCG 则随海拔高度的增加有所提高，导致儿茶素总量变化不大，如表3－21所示。因此，高海拔茶叶儿茶素组分中 EGCG＋ECG 含量比例下降，有利于减轻苦涩滋味，这与人们的感官审评高山茶的结果一致。

表3－21 庐山不同海拔高度茶园一芽二叶新梢儿茶素不同组分含量

（黄纪刚，2019）

海拔/（m）	儿茶素组分（mg/g）					
	EGC	EC	EGCG	GCG	ECG	合计
215	22.1	17.3	64.7	1.9	14.2	106.6
350	21.5	16.4	64.6	2.1	12.9	104.6
530	20.5	15.0	59.6	2.2	11.8	97.3
810	22.6	16.2	58.30	2.1	9.9	99.2
1100	28.8	13.70	53.9	2.3	9.1	98.7

高山出好茶实际上是高海拔茶园综合了光照、温度、水分、土壤、生态等因素影响茶树新梢伸育的结果。

• 光照：云雾多，形成散射光，蓝紫光比重增加，有利于氮代谢，从而提高氨基酸、芳香物含量。

- 温度：日夜温差大，白天高温利于有机物的合成，夜晚温度低，呼吸减弱，有利于转化成更多的单糖类、芳香物质等。
- 湿度：高山植被好，土壤湿润，有利于新梢伸育，新梢持嫩性强。
- 土壤：高山的土壤多为岩石沙土，含腐殖质较多，生长出来的鲜叶氨基酸含量较高。
- 无污染：高山远离污染源，植被生物多样性丰富，生态环境优越。

二、肥料元素与茶树物质代谢

茶树栽培就是为了达到茶叶高产优质。人们采取的各种栽培措施，都会促使茶叶内部的化学成分发生深刻变化，掌握这些基本的变化规律，对进一步争取茶叶的高产优质将是有益的。氮、磷、钾为肥料三大要素，它们和钙、镁、硫、锰、锌、铝、氟、钼等矿质元素与茶树物质代谢关系如下。

(一)氮磷钾肥与茶树物质代谢

1.氮肥

氮素对茶树的生长发育影响极大，氮素供应充足时，有利于蛋白质和核酸的合成，加速细胞的分裂和生长；同时也有利于叶绿体的形成，光合作用加强，干物质的积累加快。因此促进了茶芽的萌发和生育，营养生长加快，芽叶数量和重量明显增加，从而提高茶叶产量。但是，当茶叶中含氮量的水平下降至3.0%以下时，或者测定一芽一叶和第三叶中平均含氮量低于4.1%时，就表示茶树缺氮了。茶树严重缺氮时，生长态势明显衰弱，叶色发黄无光泽，新梢芽叶弱小，大量出现对夹叶，叶质变硬，随后停止生长，提早落叶，而且开花结实数增多，茶叶产量明显下降。

但氮素过多，会使茶树光合作用形成的碳水化合物大部分用于合成蛋白质，限制了一部分糖类向多酚类转化，结果多酚类和水浸出物含量下降从而影响茶叶品质各项指标的均衡协调[6]。

2.磷肥

茶叶中含磷量一般在0.4%～0.9%的范围内，同样是在嫩梢部分含量较多。磷素主要存在于核蛋白、磷脂、各种磷酸化合物以及无机磷酸盐中。其中有机态磷约占80%，无机态磷约占20%。磷对茶树的生命活动和物质代谢过程都非常重要。首先磷脂和核蛋白是细胞核和原生质的重要成分，与细胞的分裂繁殖关系密切；核蛋白的代谢产物——三磷酸腺苷是细胞进行生命活动的能量来源；在光合、呼吸作用过程中，糖类的形成与转化都与磷酸化有关。磷供应充足时，有利于物质运向根系，有利于根尖生长点细胞的分裂和生长，因此促进了茶树根系的生长，有利于茶树更多地吸收营养物质，促进茶树生长发育，提高茶叶产量。同时磷能促进有机物向花果运输，对茶树的生殖生长有促进作用，对有性系的开花结实很有利。

茶叶中含磷量低于0.4%时，或者是测定一芽一叶中含磷量低于0.45%，第三叶中含磷量低于0.35%时，可作为缺磷的指标。茶树缺磷时不会立即出现明显症状，因此往往不容易第一时间发现。茶树严重缺磷时代谢机能受阻，生长态势差，新梢芽叶瘦而黄且难伸展，老叶起初呈暗绿色，逐渐失去光泽，最后萎黄而提早脱落。茶树体内物质运输不利，根系生长不良，常带黑褐色。

3.钾肥

茶叶中含钾量一般在1.5%～2.5%的范围内，新梢芽叶的幼嫩部分含量较高。钾在茶树体内不参加有机物的组成，主要以溶解的无机盐（钾离子K^+状态）形式存在。钾是一些酶的激活剂，能促进核酸合成，能促进根系对氮素的吸收，合成氨基酸和蛋白质也就较多；在茶树体内，钾还有利于糖的转化和运输。钾离子影响气孔运动，调节水分蒸腾和二氧化碳气体进入叶片，对光合、呼吸都有促进作用；钾还可使维管束机械组织更加发达，对茶树形成骨架枝有利。它能使角质层增厚，有利于抗寒、抗旱。钾还可增强茶树的抗病能力，云纹叶枯病、炭疽病等的发生都与茶树体内钾含量偏低有关。

茶叶中含钾低于1%时，表示严重缺钾，或者测定一芽一叶的含钾量低于1.75%，第三叶含钾量低于1.60%时，即表示开始缺钾，应该补充钾肥。茶树严重缺钾时，新梢生长不良，叶尖叶缘发黄变焦，叶子皱折甚至卷曲，叶片抗性差，易遭病虫感染，老叶提早脱落。幼树则表现为分枝少，嫩枝易枯死，树冠不发达。

钾还被称为"品质元素"，对茶品质的影响是多方面的。试验表明，施钾肥使夏茶和秋茶的儿茶素总量均提高，特别是L-EGC和L-EGCG量显著增加，从而提高红茶品质。茶氨酸合成中，需钾离子做酶的激活剂，增施钾可增加氨基酸总量，有利于茶叶品质提高。

氮、磷、钾被称为肥料三要素，影响茶树的生长发育，不可单施，配施可同时提高鲜叶的产量和品质。三要素中氮肥的增产效果最为显著，高产应是氮、磷、钾配合施用下获得，湖南省茶叶研究所[7]在成龄茶园上先后近10年的三要素增产效应试验证明，单施氮肥的比不施肥的平均增产4.75倍，单施磷肥的只增产2.7%，单施钾肥的增产21.8%，而氮、磷、钾配施的增产达7.6倍。过多地单施氮肥而降低茶多酚和水浸出物含量，会给红茶品质造成不利影响，而氮＋磷、氮＋钾、磷＋钾、氮＋磷＋钾配施，茶中化学成分构成较合理，对品质产生良好影响。

（二）矿质元素与茶树化学成分

1.钙元素

茶叶中含钙量一般在0.2%～0.8%的范围内，幼嫩芽叶中钙的含量较少，叶片成熟老化后显著增多。钙在茶树体内多以草酸钙结晶的形式存在。茶树在代谢过程中产生不少的有机酸，酸的浓度过大时，茶树会发生酸中毒，而钙能和有机酸如草酸形成不溶性的草酸钙结晶，因而防止了酸中毒，使茶树体内的物质代谢能正常进行。一般的茶园土壤中含钙较多，茶树缺钙的情况是不常见的。只有当土壤酸度过大、钙消耗过多时，才会有缺钙现象出现。茶树缺钙时，叶片翻转变厚增硬，叶背出现透明斑点（"油点"），严重时呈水渍状而枯死。茶叶中含钙过量时会阻碍茶树对钾的吸收，当测定一芽一叶中含钙达 0.3%、第三叶中含钙达 0.4%以上时，是钙吸收过量的指标，这时就有补充钾肥的必要。

2.镁元素

茶叶中含镁量一般在 0.2%～0.5%的范围内，叶片老化后含镁量有所增加。镁是叶绿素的组成成分之一，严重缺镁时，叶片黄化，出现明显的缺绿病，因此镁对茶树光合作用关系很大。此外镁还能促进根系对磷的吸收和运输，有利于有机磷化合物的合成。幼龄茶树增施镁肥往往可获得良好效果。

3.硫元素

茶叶中含硫量一般在 0.06%～1.2%的范围内。硫在茶树各器官中的分布较均匀，硫是胱氨酸、半胱氨酸等含硫氨基酸的组成成分，在呼吸代谢中起重要作用。茶树严重缺硫时，表现出类似缺氮的症状，叶色黄白，叶脉暗绿，随后叶尖、叶缘坏死，叶片提早脱落。

4.铁元素

茶叶中含铁量一般在 0.01%～0.03%（以 Fe_2O_3 计）的范围内。铁是生成叶绿素的成分之一，也是构成不少酶的重要组分。缺铁时芽叶黄化，由于土壤中锰和铁存在着拮抗作用，锰过剩时往往会使铁的吸收受到影响。

5.锰元素

茶叶中含锰量一般在 0.05%～0.3%的范围内，嫩芽中含锰较少，叶片成熟老化后含锰量增长率大。锰也是生成叶绿素的成分之一，茶树体内锰的存在有助于物质代谢，促进维生素 C 的形成。缺锰时老叶先黄化、叶缘褐色，过后才使嫩叶也发生黄化现象。新梢第三叶含锰超过 0.4%时表示过剩。

6.硼元素

茶叶中含硼量一般在 0.0008%～0.001%的范围内。硼有助于果胶物质的形成，促进糖代谢。缺硼时老叶叶尖红变卷曲，新梢顶芽不发育，下面叶腋长出许多浓绿而厚、发育不全的簇生小叶，然后叶柄处长出栓质瘤状物。

7.锌元素

茶叶中含锌量一般在 0.002%～0.0065%的范围内。锌是多种酶的促进剂，促进氮代谢，有利于蛋白质的合成。缺锌时叶子出现黄斑，叶片变小且发生扭曲，节间变短。锌与磷有拮抗作用。田间喷锌试验结果表明，锌不仅能促进茶树的生长发育，提高茶叶产量，而且能提高茶多酚、儿茶素、氨基酸和可溶性糖等成分含量，改善茶叶品质。

8.铝和氟

茶叶中含铝量较多，一般在 0.02%～0.15%的范围内，嫩叶较少，老叶较多。由于茶树吸收铝是和氟同时进行的，因此在一定条件下茶树体内铝和氟的比例是相对稳定的。茶叶中含氟也较多,一般有0.002%～0.025%。铝对茶树生长是有促进作用的,但一般不致产生缺铝的现象。

9.钼元素

茶叶中含钼量极微小,一般只有0.0004%～0.0007%。钼对氮素吸收和蛋白质代谢有积极影响,它又是黄酮物质氧化还原的促进剂,同时有助于提高光合作用效率。

【复习思考题】

1.茶树栽培在不同的环境条件下,外部形态会发生哪些显著的变化?为什么?

2.论述光照对茶叶产量、品质的影响与关系。

3.不同光质对于茶叶产量、品质的影响如何?

4.温度对茶树体内碳、氮代谢平衡的影响与关系怎样?

5.水分对茶树生长有何影响?

6.土壤酸碱度对茶树生长有何影响?茶树生长最适宜的pH是多少?

7.茶树在不同纬度与海拔内含茶多酚、氨基酸、咖啡碱有何差异?

8.论述氮磷钾肥料对茶树物质代谢的作用。

【参考文献】

[1]钟圣赟,陈国德等.不同遮荫处理对海南大叶种茶叶产量和品质季节变化的影响[J].现代农业科技,2019,10(17):5—9.

[2]陶汉之,王新长.茶树光合作用与光质的关系[J].植物生理学通讯,1989,3:19—23.

[3]王加真,金星等.不同红蓝光配比对茶树生长及生物化学成分的影响[J].江苏农业科学,2019,10:159—161,171.

[4]胡承兴,舒英格,何秀.不同覆盖方式对茶园土壤水分及茶叶产量的影响研究[J].山地农业生物学报,2016,35(4):61—65.

[5]黄纪刚,韩文炎.海拔高度对庐山云雾茶品质的影响[J].中国茶叶,2019,(4):19—21.

[6]李静,夏建国.氮磷钾与茶叶品质关系的研究综述[J].中国农学通报,2005,1:62—65,75.

[7]田甜,赵德恩.氮磷钾配施对茶叶产量及品质的影响[J].江苏农业科学,2018,14:131—136

项目四　绿茶、黄茶品质形成化学

【知识目标】
(1)掌握绿茶、黄茶制作流程和主要工艺参数以及各工序的主要化学成分的变化。
(2)重点掌握绿茶、黄茶品质形成的基本原理。

【技能目标】
(1)具备应用绿茶、黄茶制作流程和主要工艺参数以及各工序的主要化学成分的变化规律的能力。
(2)具备概括影响绿茶、黄茶品质的主要化学成分的能力;具备概括绿茶、黄茶品质的主要化学成分与茶叶感官品质、功效的基本关系的能力。

【必备知识】

我国是产茶最早的国家,据史书记载周代已设官掌茶,距今已有三千多年的历史。在这漫长的历史时期里,从种茶到制茶,经过一系列的技术变革,产生了各种各样的茶类,最早以野生的茶叶为药用,发展到煎之饮用,后来发展成蒸青团茶,再由蒸青团茶发展到炒青散茶,又从绿茶发展到其他茶类,因此我国是世界产茶国中茶类最多的国家。

各种各样名目繁多的茶叶,品质各不相同,同样的鲜叶原料,由于制法不同,就形成了品质风格各异的茶类。然而,从本质上来看,尽管各种茶叶外形、内质上千差万别,却都是物理性状的改变和化学成分变化程度不同而形成的。茶叶外形圆扁曲直、整碎松紧,是制茶工艺不同形成物理性状上的差异;茶叶内质的各种色、香、味,则是制茶过程中化学成分变化程度的不同而形成的。在一系列化学成分中,含量最引人注目、变化最显著的是茶多酚。根据茶多酚氧化程度的不同可以将茶叶分成不发酵茶(如绿茶)、部分发酵茶(如乌龙茶)和全发酵茶(如红茶)。分析若干绿茶、乌龙茶和红茶样品中儿茶素的含量如表4-1所示。

表 4－1　若干茶类儿茶素含量分析(mg/g)

（黄纪刚，2019）

儿茶素	绿茶		乌龙茶		红茶	
	婺绿	龙井	铁观音	乌龙	红碎茶	工夫红茶
L－EGC	19.72	13.9	21.03	19.86	14.35	1.14
D,L－GC	4.94	3.64	5.23	4.9	9.41	1.69
L－EC+D,L－C	8.41	11.9	10.6	7.5	11.36	3.59
L－EGCG	80.64	66.57	53.98	40.72	38.78	13.26
L－ECG	29.83	38.64	22.96	21.48	14.37	9.43
总量	143.54	134.65	113.8	94.46	88.26	29.11

除了茶多酚的含量以外，其他化学成分也因制茶方法不同而有很大差别，如叶绿素和维生素 C 的保留量都是绿茶比红茶多。但红茶经过发酵后形成和积累了红茶色素物质（茶黄素、茶红素和茶褐素），因而形成了红茶的品质特征。乌龙茶在摇青过程中，结合态的萜烯醇类在糖甙酶的作用下解离出来，因而有助于形成乌龙茶特有的花香。

上述情况表明，茶叶内质上的主要差别是各种化学成分进行不同程度化学变化的结果。因此，了解制茶过程中化学成分变化的基本规律，对于提高茶叶品质认识是非常重要的。

一、绿茶品质形成化学

绿茶根据杀青热源不同有蒸青绿茶和锅炒绿茶之分。锅炒绿茶又根据干燥方式不同有炒青、烘青、晒青之分。炒青绿茶根据毛茶外形不同分为长炒青（如眉茶）、圆炒青（如珠茶）和扁炒青（如龙井、旗枪等）。同样烘青和晒青也包括很多具体的茶名。总之，绿茶名目之多远远超过红茶。

绿茶都有一个共同的特点，即利用高温杀青钝化酶的活性，使叶子基本保持绿色，然后经过揉捻、干燥，使茶叶品质具备"清汤绿叶"的特点。在杀青—揉捻—干燥的过程中发生着一系列的生化变化，现分述如下。

（一）钝化酶的活性

茶叶中酶的种类很多，这些酶是各种生化反应的催化剂。每一种酶都有一个最适温度范围，超过最适温度，酶活性就开始钝化、失活，酶的催化作用随之减弱。茶叶中几种酶活性与温度的关系如表 4－2 所示。

表4-2 茶叶中几种酶活性与温度变化的关系

（酶活性以抗坏血酸毫克数/克干重/小时表示）

温度(℃)	15	25	35	45	55	65	75	测定时pH
多酚氧化酶	67.58	112.82	130.41	164.49	224.44	24.39	0	5
过氧化氢酶	337.62	350.61	196.06	118.16	0	—	—	6
过氧化物酶	534.41	769.57	583.14	428.85	—	—	—	7
抗坏血酸氧化酶	31.17	41.54	42.54	40.02	9.62	—	—	6.6

由表4-2可以看出，在最适pH的条件下，各种酶对温度的反应是有差异的，如茶叶中过氧化氢酶和过氧化物酶在15℃～25℃的范围内，其活性随着温度的升高而增强，当温度升高至35℃以上时，活性就明显下降。但多酚氧化酶在15℃～55℃的范围内，随着温度上升活性增强，当温度升高至65℃以上时，活性才明显下降而钝化。尽管各种酶对温度的反应各有不同，但基本的共同点是，当叶温达到75℃时，酶均可钝化，失去活性。大多数酶的物质成分是蛋白质，极少是NRA，故酶的钝化是蛋白质变性的一种表现，由活性酶变成变性酶后，就失去了催化能力，称为酶的失活。温度这个因子对酶的效应来说，具有上述既催化增强酶活性又抑制钝化酶活性的两重性。

因此，绿茶制造中要想获得清汤绿叶的品质，终止茶多酚的酶促氧化，就必须利用高温迅速钝化酶活性。实际上酶活性的钝化，即酶蛋白的变性是有一个过程的。当鲜叶下锅后，开始叶温较低，随着叶子在锅中翻拌，叶温逐渐升高，当叶温到达"失活点"以前，酶仍然具有一定的活性，随着温度上升，酶蛋白逐渐变性失活。据测定，在锅温220℃时杀青，两种氧化酶的变化如表4-3所示。

表4-3 杀青过程中两种氧化酶活性的变化

（以鲜叶酶活性为100的相对数）

（王泽农，1980）

杀青时间(分钟)	0(鲜叶)	1	2	3	4	5	6
平均叶温(℃)	28	61	83	85	66	57	67
多酚氧化酶	100	54.17	34.05	5.49	0	0	0
过氧化物酶	100	55.04	43.24	5.85	0	0	0

由表4-3可以看出，当鲜叶接触高温后两种酶都随着叶温升高，活性急剧下降，4分钟开始完全失活。只有当酶蛋白完全变性失活以后，才能完全避免酶促氧化作用的进行。如果杀青时锅温较低，酶的活性没有被完全钝化，有可能使酶蛋白复活。多酚氧化酶复活后，就能引起茶多酚的酶促氧化作用，继而聚合形成茶黄素、茶红素等红色氧化产物，于是就会出现红梗红叶。杀青温度较低，或是杀青时间较短，或是杀青操作不匀不透，都会出现这种红梗红叶的现象。杀青不足为什么往往总是嫩茎和嫩叶发生红变呢？原因之一是嫩茎嫩叶多酚

氧化酶的活性通常是新梢各部位中活性最高的部分,其次是幼嫩的芽叶,酶活性高的部位,往往需要经过较长的高温时间才能使酶蛋白完全变性失活,如表4-4所示。杀青过程中,虽然经历的时间很短,但由于是处在热处理过程中,在酶钝化前仍有一段时间是属于酶的催化过程,当然主要的是热物理化学过程。在这个过程中会引起一系列物质的变化。

表4-4 新梢不同部位多酚氧化酶活性的差异

(抗坏血酸毫克数/克干重·小时)

新梢部位	多酚氧化酶活性		
	春梢	夏梢	秋梢
芽	138.79	157.08	109.55
第一叶	122.74	128.7	98.06
第二叶	210.03	152.12	98.87
第三叶	107.2	143.49	89.92
第四叶	120.86	82.35	67.83
嫩茎	358.84	314.86	187.9

(二)叶绿素的变化

叶绿素是形成绿茶色泽和叶底绿色的主要物质,叶绿素在绿茶初制过程中,其含量不断减少。减少的幅度依工艺不同而有所差异,一般减少的幅度为40%～60%,如表4-5所示。

表4-5 绿茶初制过程中叶绿素含量的变化

样号	叶绿素含量变化	鲜叶	杀青	揉捻	炒青		烘青	
					初干	足干	初干	足干
1	叶绿素含量(%)	1.09	0.95	0.81	0.7	0.66	0.59	0.57
	相对含量(%)	100	87.16	74.31	64.22	60.55	54.12	52.29
	各工序相对减少(%)	0	12.84	12.85	10.09	3.67	20.19	1.83
2	叶绿素含量(%)	0.865	0.69	0.623	0.374	0.345	0.36	
	相对含量(%)	100	79.8	71.6	43.2	39.9	48.8	
	各工序相对减少(%)	0	20.2	8.2	28.4	3.3	28.8	

由表4-5可看出,绿茶初制过程中各工序叶绿素的减少量是不一致的,通常以湿热阶段的杀青和初干过程中减少最多。揉捻时湿度虽然高,但温度较低,因此减少幅度较小。足干过程中温度虽高,但湿度较低,因此减少的幅度也较小,由此可见湿热过程是叶绿素分解、变化最显著的阶段。杀青时间过长,闷的机会多时,叶色往往偏黄,就是由于在湿热条件下叶绿素大量分解而减少的缘故。

叶绿素是以镁离子为配位中心的含氮化合物,在一定的湿热条件下镁原子可被氢原子取代,被氢取代后的叶绿素称为脱镁叶绿素。据研究,鲜叶在杀青的湿热条件下,由于糖的分解,有机酸的增加,氢离子浓度增加,鲜叶时pH为6.4,杀青后降至5.94,氢离子浓度比鲜叶增加三倍,在湿热温度越高,闷热的时间越长,转变成脱镁叶绿素的比率越大。以蒸青茶为例,蒸青过程中转化成脱镁叶绿素的比率是逐渐增大的,如图4－1所示。

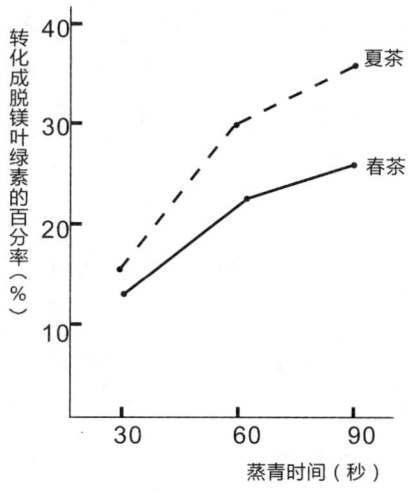

图4－1　蒸青过程中叶绿素转化成脱镁叶绿素的百分率

另外,叶绿素在高热高湿条件下易发生水解作用,导致叶绿素的含量减少。叶绿素水解后产生叶绿酸和叶绿醇,叶绿酸为绿色,可溶于水,是构成绿色茶汤的物质之一。当然,绿茶茶汤黄绿色主要是黄酮类化合物所形成的,叶绿酸只是起一定的作用而已。

(三)茶多酚的变化

绿茶初制过程中茶多酚由于经受部分氧化、热解、聚合和转化等一系列作用后,总含量有所减少,减少的幅度依工艺、茶类不同而有所差别,如表4－6所示。

表4－6　几种绿茶制造过程中茶多酚的含量变化

茶类	项目	鲜叶	杀青叶	揉捻叶	二青叶	毛茶
炒青	含量(%)	19.8	17.7	17	—	16.8
	比率	100	89.39	85.86	—	84.85
龙井	含量(%)	22.33	21.1	19.48	18.94	19.01
	比率	100	94.49	87.24	84.82	85.13
珠茶	含量(%)	21.45	20.89	20.13	19.91	18.97
	比率	100	97.39	93.85	92.82	88.44

由表4－6可知,绿茶初制过程中茶多酚的减少量一般为15%左右,其中以杀青和干燥工序中减少的幅度较大。茶多酚含量的适量减少和转化对增进绿茶的色、香、味都是有积极意义的。

首先，茶多酚在热的作用下，进行一定程度的自动氧化，氧化后的产物通常呈黄色，是构成绿茶茶汤亮黄色的成分之一；此外，这种氧化产物与蛋白质结合后形成不溶性物质，是形成绿茶叶底黄绿明亮的成分，使叶底色泽有一种嫩绿感，从而增进品质。

其次，茶多酚中的酯型儿茶素在湿热条件下进行水解，变成非酯型儿茶素和没食子酸。非酯型儿茶素的苦涩味比酯型儿茶素弱得多，因此，部分酯型儿茶素水解后，降低了苦涩味，使整个茶汤滋味变得醇和爽口。另外，某些儿茶素分子在热的作用下还会产生异构化的作用。试验表明，绿茶制造前鲜叶中一般只有6种儿茶素，而制成绿茶后有10种，增加了4种异构物。儿茶素的异构转化，改变了结构，就减少了苦涩味，将原来的青涩味改造成醇和爽口的滋味。

此外，部分儿茶素的初级氧化产物在进行干燥的过程中，与氨基酸结合后可形成具有香气的物质，对增进绿茶香味很有好处。

但是，绿茶制造过程中茶多酚的含量不宜减少太多，当氧化、水解数量过大，氧化产物过多时，将会造成叶色偏黄、滋味变淡。因为儿茶素等多酚类物质在热的作用下随着温度增高，受热时间过长，含量逐渐下降，尤其是酯类儿茶素的含量降低幅度更大，这样将会造成滋味的浓度变得淡薄。如在150℃的情况下儿茶素含量的变化就是相当显著的，如表4-7所示。

表4-7 热对儿茶素含量的影响

（中川致之，1973）

儿茶素	温度150℃				
	0分钟	10分钟	20分钟	30分钟	40分钟
L-EGC	11.5	10.4	10.6	10.1	9.9
D,L-GC	2.8	2.8	2.8	3.1	3.6
L-EC	4.6	3.6	3.1	3.1	3.6
L-EGCG	50.7	44	43.4	41.6	38.6
L-ECG	16.3	12	10.8	8.8	8.6
总量	85.9	72.8	70.7	66.7	64.3

(四)蛋白质、氨基酸的变化

绿茶初制过程中，由于高温湿热的作用，一部分蛋白质水解后形成游离氨基酸。因此，制成绿茶后蛋白质含量有所减少，而氨基酸就有所增加，如表4-8所示。氨基酸含量的增加对增进茶汤的鲜味是有好处的，因为氨基酸是一种鲜味物质，这种"鲜"味与适量茶多酚的"爽"味配合，就构成了"鲜醇爽口"的滋味。绿茶初制中氨基酸的增加和茶多酚的适量减少，调整了茶多酚与氨基酸的比值，使茶叶滋味趋于鲜醇。此外，某些氨基酸在热的作用下，可经氧化作用转变成某些香气物质，例如亮氨酸氧化后生成异戊醛，苯丙氨酸氧化后生成苯乙醛,对增进绿茶香气十分有利。

表4-8 绿茶制造中蛋白质和氨基酸的变化(%)

成分	鲜叶	杀青叶	毛茶
蛋白质	24.25	—	23.88
氨基酸	1.786	1.81	1.848
茶氨酸	0.645	0.76	1.06

(五)糖类的变化

绿茶制造过程中,在湿热条件下,部分淀粉进行水解,水解后产生了可溶性糖。因此,制成绿茶后糖的含量是增加的。据分析,炒青和烘青制造过程中,可溶性糖的含量都有所增加,如表4-9所示。通过上述资料还可以看出,杀青温度、干燥方法不同,糖的含量的变化也有所差异,同样的鲜叶原料,制成烘青其含糖量只相对增加了10.6%,而制成炒青就相对增加了50.8%。

表4-9 "屯绿"初制过程可溶性糖含量的变化(%)

(陈椽,1984)

成分	鲜叶	杀青叶		揉捻叶	烘青		炒青	
		220℃	260℃		初干	毛茶	初干	毛茶
可溶性总糖量	2.228	2.49	0.296	2.252	2.717	2.465	2.541	3.36
非还原糖	0.875	1.025	0.832	1.056	1.604	1.68	1.242	2.267
还原糖	1.353	1.465	1.464	1.196	1.113	0.875	1.295	1.093

茶叶中的糖类物质,在烘焙、热炒的过程中,其中一部分发生脱水后形成各种香气成分。所以某些品质优良的炒青绿茶往往具有"板栗香""甜香"等。

此外,某些糖类与氨基酸在热的作用下可以产生花香。试验表明,葡萄糖、果糖、阿拉伯糖、甘露糖、半乳糖、棉子糖等与苯丙氨酸混合液在热处理条件下,可以产生玫瑰花香。

(六)香气成分的变化

绿茶制造过程中挥发性芳香物质的变化是很复杂的,已经发现绿茶中含有的芳香物质有100多种,这些物质有的是鲜叶中就有的,有的是制茶过程中由其他物质转化而来的,随着不断受热的过程又逐渐挥发散失,最后剩下的数量是不多的,几乎是一些高沸点的芳香物质。以蒸青绿茶为例,制茶过程中芳香油含量的变化如表4-10所示。绿茶初制过程中香气成分变化的主要表现是:低沸点的青草气物质大部分挥发散失,而高沸点的芳香物质透发出来。

表4-10 蒸青绿茶制造过程中芳香油含量变化(毫克/100克干茶)

(深津修一,1976)

工序	春茶	夏茶	秋茶
鲜叶	2.8	2.4	4
蒸青叶(30秒)	10	2.7	3.3
蒸青叶(120秒)	3	1.9	1.4
粗揉叶	103	1.2	2.3
精揉叶	108	1.7	1

鲜叶中低沸点的香气物质主要是青叶醇、青叶醛、乙醛、异戊醛、丁醛、甲酸、乙酸、异丁酸、异戊酸等。其中占鲜叶香气物质总量60%左右的青叶醇,它有顺型和反型两种构型,绝大部分是顺型青叶醇,具有强烈的青草气,沸点为156℃。经过高温杀青和烘炒过程大部分挥发散失,有一部分转化成反型青叶醇,反型青叶醇具有"清香"气味。其次是青叶醛,也具有青草气味,沸点为138℃~140℃,制茶中部分挥发散失。另外具有难闻气味的一些低级醛、酸等,经过杀青和干燥后,大部分也都挥发散失。低沸点成分的挥发散失,对于去除青草气透发绿茶香气很有好处。

绿茶制造中,在热的作用下,一些高沸点的香气物质保留较多,有些比鲜叶还有所增加,有些则是制茶过程中新产生的,这些芳香物质以恰当的比例综合作用的结果,构成了各种类型的香气。例如正壬醛、顺-3-己烯己酸酯、二甲硫等具有明显的新茶香,芳樟醇、香叶醇、橙花叔醇、水杨酸甲酯、苯甲醇、苯乙醇、苯甲醇、紫罗兰酮、茉莉酮等具有不同程度的花香和果味香。这些物质的数量和比例与品种、季节、老嫩度、制茶工艺都有很大的关系。

尤其是茶类不同,由制茶工艺带来的香气差异是很大的,例如龙井、碧螺春等具有明显的清香,而黄山毛峰、庐山云雾茶等则具有显著的果味香和花香。通过气相色谱——质谱(GC-MS)联用仪分析西湖龙井、黄山毛峰和信阳毛尖3种名优绿茶的香气成分,结果表明,西湖龙井含有酯类化合物最多,而黄山毛峰和信阳毛尖含有醇类化合物最多。碧螺春含有戊烯醇最多,而黄山毛峰含有香叶醇(牻牛儿醇)最多,另外还含有较多的苯甲醇、苯乙醇和芳樟醇[1],如图4-2所示。

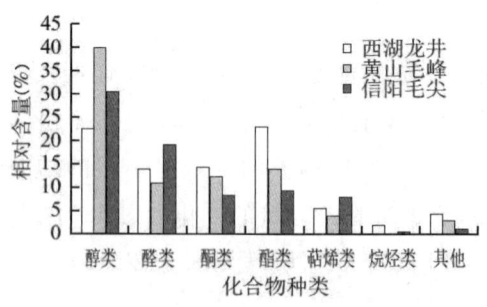

图4-2 3种绿茶特征香气成分比较种类

(龙立梅等,2015)

(七) 其他物质的变化

绿茶制造过程中果胶、维生素C、咖啡碱等物质也发生着一定程度的变化。果胶在绿茶制造的湿热条件下，一部分经水解后变成水溶性果胶，从而增进了茶汤浓度。维生素C是一种容易氧化的物质，绿茶制造中维生素C受热氧化，含量是不断减少的，因此一般毛茶的维生素C含量只相当于鲜叶的45%左右，如表4-11所示。绿茶制造过程中咖啡碱遭到部分升华失去，含量稍有减少，如鲜叶中含有2.9%，制成绿毛茶后只有2.44%。

表4-11 绿茶制造中维生素C含量变化（毫克/100克）

绿茶种类	鲜叶	摊放叶	杀青叶（青锅叶）	揉捻叶	干茶
炒青	260(100)	—	247(95)	193(74)	115(44)
龙井	924(100)	710(76)	502(54)	—	415(45)

二、黄茶品质形成化学

黄茶属中国特有茶类，在六大茶类中目前的产销量是最小的，近年来产销量有增加的趋势。黄茶融合了绿茶和黑茶的品质特征，香气清悦、味厚爽口，加之对胃肠道、消化道疾病有一定的保健护理作用，受到部分消费者的喜爱。

传统黄茶的工艺是：采摘鲜叶、杀青、揉捻、闷黄、干燥，其关键工序是闷黄。杀青是黄茶品质形成的基础，黄茶加工首先要利用高温杀青，彻底破坏鲜叶内源酶活性。闷黄是黄茶加工所独有的也是形成黄茶品质的关键工序，该工序将杀青叶（或锅揉叶）趁热堆积，使茶坯在湿热条件下发生热化学变化或有微生物参与作用。干坯短时间闷黄的工艺以非酶促湿热化学反应为主，湿坯较长时间闷黄的工艺则除湿热化学反应外还有微生物繁殖和分泌胞外酶的综合作用，叶内多酚类、多糖、蛋白质、叶绿素等发生氧化、裂解、水解等系列反应，积累较高含量的简单儿茶素、可溶性糖、游离氨基酸等品质成分，形成少量的茶黄素，叶绿素锐减，进而形成香气清悦、味厚爽口和"黄叶黄汤叶底黄"三黄的特征品质。

黄茶按鲜叶老嫩通常分为黄芽茶、黄小茶和黄大茶三类，黄芽茶如君山银针、蒙顶黄芽、莫干黄芽；黄小茶如沩山毛尖、北港毛尖、远安鹿苑茶、平阳黄汤；黄大茶主要有安徽霍山黄大茶和广东大叶青。

黄茶生产因产地和原料原因的闷黄工艺有较大的不同，主要差别在茶叶的含水量、叶温以及闷黄时间控制等方面。含水越多，叶温越高，则湿热条件下的黄变进程也越快。闷黄时间长短与黄变要求、含水率、叶温密切相关。在湿坯闷黄的黄茶中，温州黄茶的闷黄时间最长（2～3天），最后还要进行闷烘，黄变较充分。北港毛尖的闷黄时间最短（30～40分钟），黄变程度不够，因而常被认为是绿茶。沩山毛尖、鹿苑毛尖则介于上述两者之间，闷黄5～6小时。

海马宫茶、君山银针、蒙顶黄芽的闷黄和烘炒交替进行，不仅制工精细而且闷黄在不同含水率条件下分阶段进行，前期黄变快，后期黄变慢，历时2～3天，属于典型的黄茶。茶叶含水率不同，闷黄可分为湿坯闷黄和干坯闷黄。干坯闷黄揉捻后进行初烘除去部分水分，君山银针初烘至六七成干，初闷40～48小时，复烘至八成干，复闷24小时，达到黄变要求。黄大茶初烘七八成干，趁热装入高、深而口小的篾篮内闷堆，置于烘房5～7天，促其黄变。霍山黄芽烘至七成干，堆闷1～2天才能黄变。

(一)黄茶制造中酶活性与微生物类群的变化

黄茶加工中杀青工序是高温工艺，破坏鲜叶内源酶的活性，抑制了多酚类化合物、淀粉、蛋白质等的酶促反应。但在闷黄过程中又出现酶活性的回升。根据刘仲华团队研究[2]，认为这种酶活性的回升是微生物分泌胞外酶的结果。杨涵雨等[3]研究发现，黄茶闷黄过程中微生物类群及数量变化如表4－12所示，鲜叶经杀青后，几乎所有真菌都被杀死，少数细菌仍然存在，闷黄过程微生物又开始繁殖。从微生物总数变化分析，从闷黄开始至10小时左右，细菌数量呈迅速增加趋势，而不同种类的真菌数量的变化则不尽相同。闷黄早期霉菌最先发展，其中以黑曲霉为主，同时也存在着少数青霉、木霉及其他霉菌；在闷黄2小时至6小时过程中，黑曲霉、青霉和酵母菌的数量一直处于增长状态，其中酵母菌的增长速度比其他霉菌快；6小时后，黑曲霉仍是优势菌种，其次是酵母菌，而其他霉菌则少量存在。刘晓等[4]通过对黄茶不同闷黄时间的跟踪，发现多酚氧化酶、过氧化物酶、过氧化氢酶和纤维素酶活性随闷黄进程出现了动态变化，如表4－13所示。4种酶在杀青之后活性大幅下降，酶活基本丧失，但在闷黄过程中酶活性又得到一定的回升。其中，多酚氧化酶活性在闷黄6小时达到最大，与闷黄1小时的酶活性相比，增加了7.79倍。过氧化氢酶活性在闷黄6小达到最大，与闷黄1小时的活性相比，增加了14.15倍。过氧化物酶活性在闷黄过程中呈先增加后减少的趋势，在闷黄2小时达到峰值，相较于闷黄1小时增加了2.38倍，在闷黄6小时时，该酶活性降至最低，与闷黄2小时呈显著差异。纤维素酶活性在闷黄6小时达到最大，与闷黄1小时的酶活性相比，增加了57%。但多酚氧化酶的活性与黑曲霉的数量变化相一致，相关系数为0.9937。因此，闷黄过程中酶活性的回升，并不是酶的复活，而是微生物繁殖分泌的胞外酶。黄茶闷黄过程对促进品质形成起主导的是湿热作用，微生物分泌胞外酶也在发挥重要作用。

表4－12 微生物类群及数量在闷黄过程中的变化(10^3 个/茶样)

（杨涵雨，2014）

取样	黑曲霉	青霉	木霉	酵母菌	其他霉菌	细菌
杀青	—	—	—	—	—	0.090
闷黄2h	0.23	0.10	0.01	0.13	0.01	0.28

续表

取样	黑曲霉	青霉	木霉	酵母	其他霉菌	细菌
闷黄4h	0.69	0.27	0.03	0.43	0.02	1.63
闷黄6h	1.70	0.42	0.02	0.81	0.04	3.08
闷黄8h	2.90	0.48	0.01	1.90	0.08	6.35
闷黄10h	5.02	0.51	0.01	3.30	0.09	9.87

表4－13 黄茶闷黄过程中主要氧化酶和纤维素酶的活性变化(％)

(刘晓，2017)

酶类	鲜叶	杀青叶	闷堆1h	闷堆2h	闷堆3h	闷堆4h
多酚氧化酶	77.480	0.055	0.365	0.840	1.880	3.210
过氧化氢酶	89.650	0.045	0.235	0.600	1.800	3.560
过氧化物酶	87.620	0.520	0.845	2.855	1.240	0.755
纤维素酶	91.065	1.895	4.360	5.720	6.290	6.850

(二)黄茶制造中主要化学成分的变化

1.叶绿素及其他色素物质含量的变化

在黄茶加工过程中杀青、揉捻和闷黄工序均有热化作用，包括湿热作用与干热作用，前者是在水分较多的情况下，以一定的温度作用之，后者是在水分较少的情况下，以一定的温度作用之。为了促进黄茶品质的形成，黄茶加工时杀青锅温较绿茶低，杀青采用多闷少抛手法，以形成高温湿热条件，尽可能使叶绿素较大程度地得以破坏；而闷黄工序则进一步创造湿热环境，使叶绿素因热化破坏转化成脱镁叶绿素等化合物。蒙顶黄芽闷黄叶的叶绿素总量及叶绿素a、叶绿素b含量分别为1.03mg/g、0.74mg/g、0.29mg/g[5]，叶绿素组分间以叶绿素b下降幅度最大，由杀青叶的0.73％降至闷黄6小时的0.66％，叶绿素a变化幅度相对较小。叶绿素水解生成的叶绿酸、植醇等化合物，具有一定的水溶性，直接影响黄茶茶汤色泽；脱镁反应生成的脱镁叶绿素呈褐色，亦会影响黄茶干茶色泽。类胡萝卜素是茶叶中黄色色素的主体成分，主要成分有β－胡萝卜素、叶黄素、隐黄素、玉米黄素等，叶绿素的降低在一定程度上促使类胡萝卜素黄色能显现。

2.多酚类含量的变化

黄茶加工中多酚类和儿茶素总量都是减少的。龚永新等[6]通过对鹿苑茶加工进行15分钟、6小时、9小时、12小时闷黄与不闷黄处理的比较，分析其多酚类及儿茶素含量的变化，结果表明，多酚类在闷黄进程中呈缓慢下降趋势；儿茶素总量的变化也有相同的趋势，如表4－14、图4－3所示。儿茶素组分在闷黄过程中的变化量较大，特别是EGCG的损失较多，闷黄9小时减少了10.92％，12小时减少了11.80％。黄茶加工鲜叶经高温杀青后，破坏了内源酶活性，虽然闷黄过程中微生物分泌了胞外多酚氧化酶,但酶活性较弱,因此多酚类的变化主要是在湿热作用下的水解转化、异构化及非酶性自动氧化。多酚类的自动氧化将形成一定数量的氧化产物,而具有较强收敛性及苦涩味的酯型儿茶素的减少和爽口的茶黄素的产生,是黄茶醇爽不涩滋味形成的主要原因。茶黄素的出现也是黄茶"三黄"的成因之一。

表4-14 远安鹿苑茶闷黄过程中多酚类及儿茶素含量的变化

(龚永新等,2000)

闷黄时间	多酚类总量(%)	EGC(mg/g)	EC(mg/g)	EGCG(mg/g)	ECG(mg/g)	儿茶素总量(mg/g)
15min	25.78	38.82	49.64	83.55	8.56	180.57
6h	24.91	41.37	49.24	80.56	9.2	180.37
9h	24.55	39.58	49.05	74.43	9.43	171.49
12h	21.18	37.4	3.71	73.69	7.17	155.97

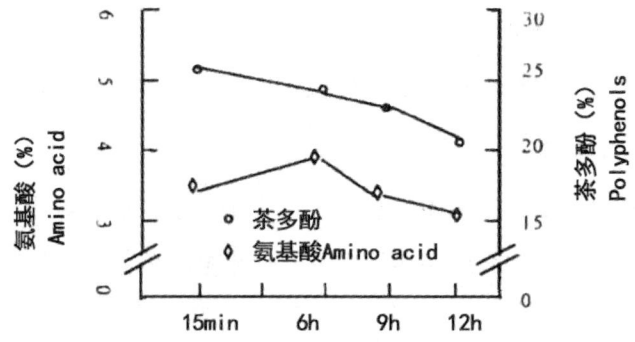

图4-3 闷堆过程中氨基酸总量和茶多酚含量的变化

黄茶干燥前期的湿热作用及后期的干热作用,为酯型儿茶素的进一步水解和异构化创造了条件,这些变化将增进黄茶的醇和味感。

3.氨基酸含量的变化

氨基酸是构成茶汤滋味特别是鲜爽味的物质基础,优质黄茶大多滋味鲜爽。黄茶加工中,萎凋工序由于鲜叶内源蛋白质水解酶作用游离氨基酸有一定的增加,杀青、揉捻、闷黄工序由于强烈的湿热作用、机械损伤,使氨基酸含量有增加的趋势,从而为黄茶香味品质的形成奠定物质基础。通过测定远安鹿苑茶闷黄过程中氨基酸含量的变化表明,氨基酸含量变化很大。从初闷15分钟到闷黄6小时,氨基酸含量是增加的,由3.71%上升到3.88%,但闷黄9小时和闷黄12小时,氨基酸总量呈明显下降趋势,分别比闷黄6小时减少了0.53%和0.73%。

黄茶在炒二青之后闷黄,茶叶含水量较高,一般在20%~30%。在湿热条件下,可促使蛋白质水解形成游离氨基酸,从而表现出氨基酸总量的上升。但随着时间的延长,温度的升高,氨基酸产生了一系列热化学反应如水解、缩合、脱羧和氧化等,导致闷黄后期氨基酸含量降低。在黄茶干燥过程中,氨基酸由于热的作用而转化形成挥发性醛类物质,这是构成黄茶香气的重要成分。

在黄茶闷黄过程中，多酚类、氨基酸含量表现出不同的变化特点，因而酚氨比值也发生相应的变化。酚氨比是衡量茶汤滋味，特别是鲜爽度的重要指标，酚氨比越小，滋味越醇和鲜爽，所制成茶品质越好，氨基酸含量的动态变化同时体现在酚氨比的变化中。杨伟丽等[7]研究表明，经闷黄工艺制得的黄茶酚氨比为12.28，低于未经闷黄工艺的绿茶的15.25。闷黄过程中，酚氨比先降后升，鹿苑茶以闷黄6h时酚氨比最低，为6.42；沩山毛尖以闷黄5h时酚氨比最低，为9.23。可见闷黄工序有利于酚氨比的降低，对降低黄茶收敛性和提高鲜爽度作用明显。

4.其他物质的变化

黄茶加工中，由于强烈的湿热作用，许多参与色、香、味品质形成的物质都发生了相应的变化。如水浸出物在闷黄过程中明显降低，闷黄6小时后在制品的水浸出物含量只为杀青叶的88.64%；湿热作用也为淀粉水解为单糖，蛋白质水解为氨基酸等创造了条件，如具有甜味的可溶性糖在闷黄中略有增加，这些变化都有利于黄茶醇厚滋味的形成；咖啡碱的含量由鲜叶的5.33%减少到4.16%，减少幅度达21.96%，因咖啡碱是茶汤中的苦味成分，故咖啡碱的减少也有利于黄茶滋味的形成。

黄茶香气特征有别于其他茶类，这是黄茶吸引消费者的一大特色。屠幼英等[8]研究结果表明，远安黄茶香气中碳氢类化合物、醇类化合物与酯类化合物相对含量高，主体香气成分表现为嫩香型的丁酸2-乙基-1,2,3-丙三基酯，木香型的α-柏木烯以及花香型的苯甲醇、苯乙醇与芳樟醇氧化物。其香气的形成一方面为鲜叶本身所带在加工过程逐渐显露，另一方面在黄茶杀青、闷黄、干燥过程中，由于热的作用，使糖类与氨基酸、多酚类、类胡萝卜素等化合物作用形成芳香物质。

（三）闷黄对黄茶品质形成的影响

将同一批鲜叶在相同加工条件下分成两份，其中一份经闷黄6小时制成黄茶，另一份不经闷黄工序制成绿茶，通过测定两产品在品质成分含量上的差异并结合感官审评，可在一定程度上反映出闷黄工序对黄茶品质形成的影响，如表4-15所示。

表4-15　闷黄与否对其产品化学成分含量的影响

（龚永新等，2000）

处理	氨基酸（%）	茶多酚（%）	咖啡碱（%）	EGC（mg/g）	EC（mg/g）	EGCG（mg/g）	ECG（mg/g）	儿茶素总量（mg/g）
鲜叶	3.85	26.42	5.33	40.23	54.96	79.99	8.25	183.43
黄茶	3.96	25.39	4.16	42.58	44.07	65.71	12.52	164.88
绿茶	3.8	25.51	3.99	40.18	39.62	78.98	8.68	166.46

表4-15表明，经6小时闷黄加工而成的黄茶与不经闷黄制成的绿茶在氨基酸、茶多酚

及儿茶素总量上差别不大,但儿茶素组分含量的差异却很大,表现为黄茶中酯型儿茶素(EGCG)含量大大降低,比绿茶少 13.27mg/g,而简单儿茶素 EC 的含量却明显高于绿茶。这是酯型儿茶素在闷黄过程的湿热条件下发生强烈的水解作用转化为简单儿茶素的结果,而这种转化正是导致黄茶滋味不同于绿茶滋味的主要原因。在茶汤中咖啡碱能与大量儿茶素形成氢键络合物而减轻苦味和涩味,这也有利于提高茶汤的浓醇鲜爽度。对两种产品进行感官审评的结果表明,黄茶滋味鲜浓醇爽;绿茶味浓,收敛性较强,回味甘爽。这种味感上的差异完全与内含成分在含量上的差异相一致,因此从内含成分的变化及感官审评的综合结果表明,闷黄是形成黄茶滋味特征的关键工序。闷黄更是黄茶色泽品质形成的独特工序,在黄茶加工过程中,虽然从杀青开始到干燥结束都在努力为茶叶的黄变创造条件,但黄变主要发生在闷黄阶段,在闷黄工序中,叶绿素被大量破坏,从而使绿色减少,黄色显露。

闷黄过程也发生了一系列有利于香气品质形成的化学变化,如湿热作用导致多糖、蛋白质水解形成单糖及氨基酸,而糖与氨基酸可进一步转化为香气物质,这些香气成分对黄茶香气品质的形成具有重要意义。因此,闷黄对黄茶黄汤黄叶及醇厚鲜爽香味品质的形成至关重要。

(四)闷黄工艺影响因子与黄茶品质

闷黄是黄茶加工独有的工序,也是黄汤、黄叶及醇厚鲜爽滋味等品质形成的关键。滑金杰等[9]总结了闷黄工艺影响因子,认为闷黄工艺受产地、闷黄叶含水率和闷黄过程的时间、温度、供氧量等参数影响。

1.闷黄时间

不同黄茶产地闷黄作业有所不同,有"湿坯闷黄"和"干坯闷黄"两大类。"湿坯闷黄"的茶坯含水率较高,黄变较快,闷黄时间较短,一般 6~8 小时;"干坯闷黄"的茶坯含水率较低,黄变较为缓慢,闷黄时间较长,一般 5~7 天。闷黄时间过短会导致黄变不足,滋味浓涩,汤色叶底偏青;随着闷黄时间的延长,多酚类含量下降,氨基酸含量上升,酚氨比值逐渐减小,酯型儿茶素含量减少,简单儿茶素含量有所增加,水浸出物含量稍有提升;闷黄时间过长会导致反应过度,酚氨比上升,可溶性糖含量因消耗过度下降,黄茶滋味物质减少,汤色叶底黄暗。

2.闷黄叶含水率

茶坯含水率越高,湿热作用下叶温越高,黄变过程也越快,湿坯闷黄的茶坯含水率一般控制在 40%~50%,干坯闷黄的茶坯含水率一般控制在 20%~25%。含水率过高,黄变时间过短,品质生化成分转变不完全,黄茶苦涩不鲜爽;含水率不足,则叶温过低,黄变将无法完成。因此闷黄一般采用趁热作业,并需防止水分的大量损失,必要时加盖湿布,以提高局部湿度和阻断空气流通。

3.闷黄温度

闷黄温度一般控制在35℃～40℃。随着闷黄温度上升,湿热反应加强,叶绿素 a 和叶绿素 b 破坏率增加,多酚类和酯型儿茶素减少量增加,简单儿茶素、氨基酸、可溶性糖等滋味物质含量增加,利于黄茶汤色和滋味的形成;但闷黄温度过高,儿茶素、可溶性糖、氨基酸等品质物质会因消耗过度而含量锐减,不利于黄茶品质的形成。

4.闷黄供氧量

杨涵雨等[3]在真空密闭容器内分别充入氮气、空气及氧气等,以研究不同供氧量对黄茶品质的影响,结果显示充氧条件下闷黄,在制品的水浸出物、氨基酸、EC 等含量最高,EGCG、ECG 等酯型儿茶素含量降低最为显著,酚氨比相对最高,滋味最醇和;叶绿素 a、叶绿素 b 和叶绿素总值也以充氧闷黄处理样下降最多,黄茶特色显著。因此,闷黄过程需进行多次翻堆以保证闷黄所需的氧气,从而保证黄茶优良品质的形成。

【复习思考题】

1.在制茶过程中化学成分变化程度最明显的是哪类?为什么?

2.绿茶制造过程中主要有哪些化学变化?

3.绿茶制造中要获得清汤绿叶的品质,需采取什么方法才能有保障?

4.绿茶初制过程中茶多酚的含量为什么会减少?对茶叶品质是否有利?

5.绿茶经过杀青和干燥后对香气有何好处?

6.黄茶制造中主要化学成分的变化怎样?

7.闷黄对黄茶品质的形成有哪些影响?

【参考文献】

[1]龙立梅,宋沙沙等.3种名优绿茶特征香气成分的比较及种类判别分析[J].食品科学,2014,36(2):114—119.

[2]刘仲华,黄建安,施兆鹏.黑茶初制中主要酶类的变化[J].茶叶科学,1991,11(增刊):17—22.

[3]杨涵雨.黄茶闷黄工序及微生物对黄茶品质的影响研究[D].湖南农业大学.2014(6):27.

[4]刘晓,张厅等.蒙顶黄茶闷堆过程中主要品质成分及酶活性变化研究[J].中国农学通报,2017,33(27):97—101.

[5]速晓娟,郑晓娟,杜晓等.蒙顶黄芽主要成分含量及组分分析[J].食品科学,2014,34(12):108—114.

[6]龚永新等.闷堆对黄茶滋味影响的研究[J].茶叶科学,2000,20(2):110—113.

[7]杨伟丽,肖文军.加工工艺对不同茶类主要生化成分的影响[J].湖南农业大学学报(自然科学版),2001,27(5):384—386.

[8]屠幼英,黎攀,刘晓博.远安黄茶的品质成分分析与讨论[J].茶叶,2019,45(3):

136－141.

[9]滑金杰,江用文等.闷黄过程中黄茶生化成分变化及其影响因子研究进展[J].茶叶科学,2015,35(3):203－208.

项目五　红茶品质形成化学

【知识目标】
(1)掌握红茶制作流程、主要工艺参数以及各工序的主要化学成分的变化。
(2)重点掌握红茶品质形成的基本原理。

【技能目标】
(1)具备应用红茶制作流程、主要工艺参数以及各工序的主要化学成分的变化规律的能力。
(2)具备概括影响红茶品质的主要化学成分的能力;具备概括红茶品质的主要化学成分与茶叶感官性质、功效的基本关系的能力。

【必备知识】
红茶与绿茶不同,绿茶是通过杀青钝化了酶的活性,而红茶则是通过萎凋来增强酶的活性,然后通过揉捻发酵,以茶多酚的酶促氧化为中心,发生了一系列的生化变化,最后形成了红汤红叶的品质特点。红茶制造过程中各种化学物质的变化比绿茶激烈得多也复杂得多,现分别叙述如下。

一、酶活性的变化

红茶制造过程中一系列的生化变化,很多都是在酶的催化作用下进行的,其中茶多酚的氧化聚合就是多酚氧化酶作用的结果。在红茶制造过程中多酚氧化酶的活性变化很大,鲜叶在萎凋过程中,随着失水过程的进展,多酚氧,随着发酵过程的进展,酶活性逐步降低。发酵过程酶活性降低的原因有三:一是发酵过程中氧化产物的积累越来越多,作为氧化基质的茶多酚相对减少,基质减少,酶活性就降低了;二是发酵过程中有机酸的增加,引起pH降低(降到pH为5.0以下),酸度增高,钝化酶的活性逐步增强;适度萎凋的叶子经过揉捻以后,开始阶段酶的活性还稍有提高,之后酚氧化酶失去了最适pH(pH5.0～5.5)条件,因此酶活性下降;三是多酚氧化酶一方面能促使茶多酚的氧化聚合,但另一方面,茶多酚又能逐步沉淀酶蛋白，引起酶蛋白的变性失活，随着发酵过程的进展，酶活性逐步下降。直到干燥作业开始，当烘干叶温达到70℃以上时，多酚氧化酶才彻底变性，完全失去活性。因此，红茶制造过程中多酚氧化酶的活性变化，是由低到高，再由高到低的，如图5-1所示。

制茶中影响多酚氧化酶的活性最大的因素是温度。萎凋温度过高，酶活性迅速激化增强，但维持活化的时间很短，到了揉捻发酵过程就会显著下降，这对茶多酚的氧化聚合不利。发酵过程中适宜的温度（由30℃下降到20℃）不仅能提高酶的活性，而且下降速度较慢，有利于茶多酚的酶促氧化。不同发酵温度对多酚氧化酶活性的影响，如图5-2所示。

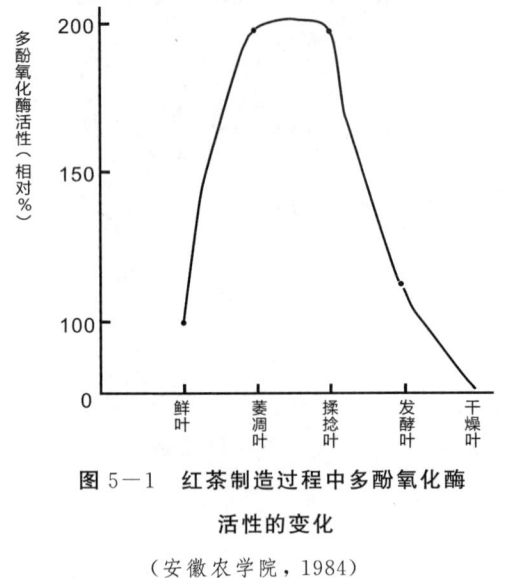

图5-1 红茶制造过程中多酚氧化酶活性的变化

（安徽农学院，1984）

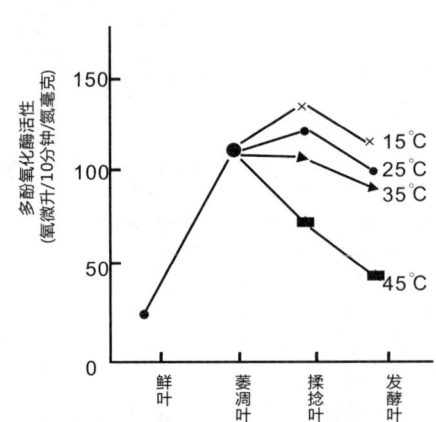

图5-2 不同发酵温度对多酚氧化酶活性的影响

（安徽农学院，1984）

二、茶多酚的变化

茶多酚是茶叶水可溶性物质中含量最高的成分，通常占鲜叶浸出物的50%左右，甚至更多。鲜叶中茶多酚含量的高低，是影响红茶品质最主要的因素，因为茶多酚及其氧化产物与红茶品质的色、香、味有着密切的关系。试验表明，鲜叶中茶多酚含量的多少与红碎茶内质的高低呈高度的正相关，两者之间的相关系数高达0.945。如8个品种由于鲜叶中茶多酚含量不同，应用化学鉴定法测定红碎茶内质总分的结果表明，随着茶多酚含量的下降，红碎茶内质递减，趋势基本一致，如表5-1所示。

表5-1 鲜叶茶多酚含量与红碎茶品质的关系

样品	红碎茶内质总分	鲜叶中茶多酚含量(%)
1	97.5	39.9
2	93.4	37.05
3	84.5	37.21

续表

样品	红碎茶内质总分	鲜叶中茶多酚含量(%)
4	83.9	36.29
5	80	34.11
6	71.1	27.92
7	70.6	30.3
8	69.1	29.98

由表5-1可知,茶多酚对红茶品质的形成作用是很大的。茶多酚在红茶制造过程中,由于酶促氧化和自动氧化的结果,很大一部分变成了氧化产物,含量显著减少,如表5-2、图5-3所示。

表5-2 红茶发酵过程中多酚类及其氧化产物的变化(%)

(王登良等,1998)

发酵时间(分钟)	0	20	40	60	80	100	120	140	160	180	200
茶多酚总量	30.1	23.6	20.3	17.6	16.3	15.6	14.9	14.1	13.7	13.2	12.5
儿茶素总量	12.5	10.5	8.4	6.2	5.7	5.4	4.7	4.2	4.1	3.8	3.3
茶黄素	0.06	0.23	0.71	0.86	1.13	1.27	1.18	1.08	0.93	0.78	0.65
茶红素	1.6	3.2	5.7	5.9	6.3	7.4	9.8	10.7	10.5	10.1	9.4
茶褐素	1.4	2.2	2.4	3.3	4.0	4.7	5.1	5.8	6.4	6.7	6.9

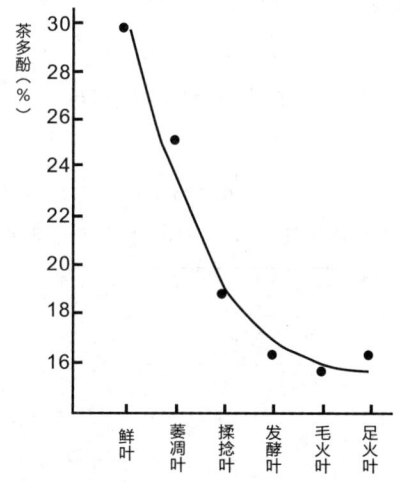

图5-3 红茶制造过程中茶多酚的含量变化

红茶制造中茶多酚含量的减少幅度与红茶种类、制茶工艺有关。我国生产的工夫红茶与红碎茶,由于品质要求不同,在发酵程度的掌握上有所差异,因此,成品茶中茶多酚的保留量也就不同。红碎茶的滋味要求浓、强、鲜,发酵不宜太重,茶多酚的氧化量不宜过大,通常红碎茶中茶多酚的保留量为55%～65%;而工夫红茶的滋味要求甜醇,发酵要充分,因此工夫红茶中茶多酚的保留量多数在50%以下。制茶工艺不同，茶多酚的保留量差别很大。萎凋程度、揉捻时间长短、发酵程度、干燥温度等都对茶多酚的氧化量有很大的影响，尤其是揉捻的强烈程度和发酵时间的长短影响更大。发酵时间越长，茶多酚的氧化量越大，保留量就越小，茶多酚中的儿茶素也具有同样的趋势，如图5－4所示。

从儿茶素的组成含量来看，在红茶制造过程中，每一种儿茶素的含量都是下降的。其中以L－EGCG和L－EGC的含量下降幅度最大，其次是L－ECG，原因是红茶中的茶黄素和茶红素主要是由这些儿茶素氧化聚合而形成的。其他儿茶素氧化量较小，在形成红茶色素中它们是次要的，如图5－5所示。

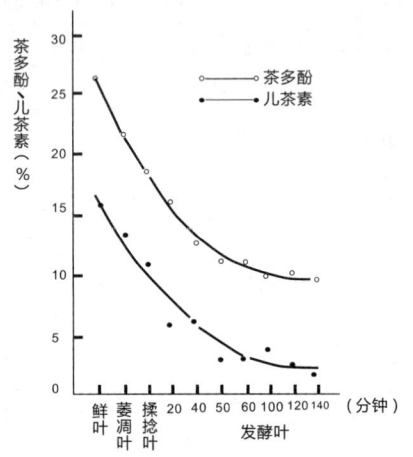

图5－4 红碎茶制造过程中茶多酚、儿茶素含量的变化

（王登良，1992）

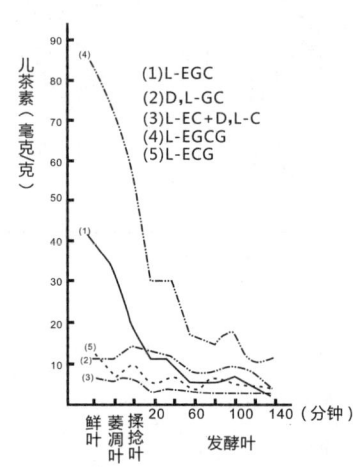

图5－5 红碎茶制造中各种儿茶素含量的变化

茶多酚在红茶制造过程中不断氧化减少，氧化后大部分形成了茶黄素、茶红素等可溶性红茶色素，小部分与蛋白质结合后形成水不溶性物质固定于叶底中。随着发酵过程的进展，水溶性茶多酚（包括儿茶素）不断减少，水不溶性茶多酚有所增加，如表5－3所示。

表5－3 红茶发酵过程中儿茶素、水溶性与水不溶性茶多酚含量的变化(%)

发酵时间（分钟）	80	100	120	140	160
儿茶素	4.02	3.09	2.36	1.75	1.75
水溶性茶多酚	16.03	14.21	12.94	11.73	10.29
水不溶性茶多酚	5.69	6.13	5.62	6.13	6.38
水溶性/水不溶性（比值）	2.82	2.32	2.3	1.91	1.61

三、红茶色素的形成与转化

茶多酚的主体物质是儿茶素类物质,儿茶素存在于茶叶细胞的液泡内,而多酚氧化酶主要存在于原生质中的叶绿体和线粒体内。在完整活体叶细胞里,儿茶素类物质和多酚氧化酶基本上是互不接触的。当揉捻开始以后,液泡的半渗透膜受到揉捻压力而损坏,叶汁揉出,儿茶素类物质与多酚氧化酶便充分接触。在有氧气的情况下,儿茶素类便迅速发生酶促氧化,氧化的结果首先产生儿茶素邻醌。邻醌物质很快又发生氧化聚合,逐步产生了茶黄素,茶黄素进一步氧化的结果是产生茶红素,茶红素进一步氧化并与氨基酸等物质聚合,最后形成茶褐素。儿茶素的这种氧化聚合过程可以用图 5-6 来表示。

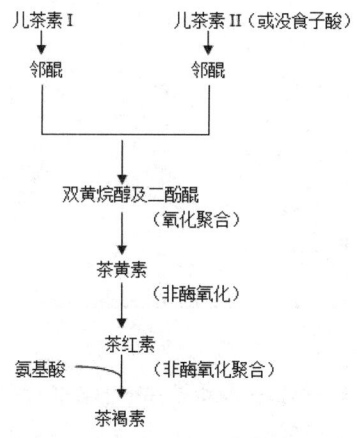

图 5-6 儿茶素的氧化聚合

从儿茶素氧化聚合形成茶褐素的整个过程来看,物质的颜色是逐步加深的。儿茶素是无色物质,邻醌为黄色,茶黄素为橙黄色,茶红素为红色,茶褐素为暗褐色。

在充分供氧和温湿度适宜的条件下,儿茶素的氧化聚合过程是相当迅速的,往往温度越高速度越快。

在条件适宜的情况下,儿茶素氧化聚合形成茶黄素的过程是相当迅速的,往往在发酵一段时间后,当叶子出现嫩黄色时,茶黄素的积累量就达到了最高峰。出现高峰以后,由于茶黄素迅速向茶红素转化,因此茶黄素含量逐渐下降,而茶红素含量接着出现高峰。但因茶红素不是反应的最终产物,而是要迅速向茶褐素转化,因此,当茶红素含量逐渐下降后,茶褐素便逐渐积累起来。随着时间的推移,茶褐素的积累量越来越大,一直到多酚氧化酶活性降低,形成的茶黄素、茶红素越来越少以后,茶褐素的积累量才开始减慢。红茶制造过程中茶黄素、茶红素、茶褐素的变化曲线如图 5-7、图 5-8、图 5-9 所示。

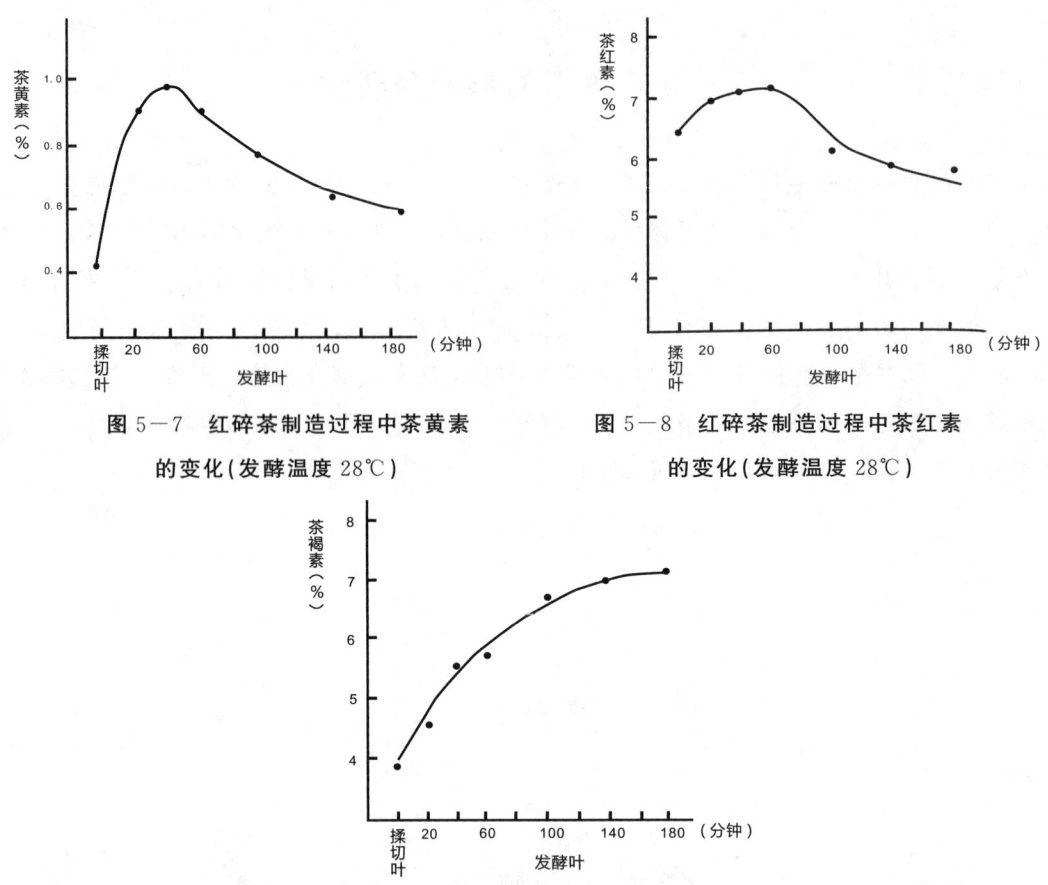

图 5-7 红碎茶制造过程中茶黄素的变化(发酵温度28℃)

图 5-8 红碎茶制造过程中茶红素的变化(发酵温度28℃)

图 5-9 红碎茶制造过程中茶褐素的变化(发酵温度28℃)

茶黄素、茶红素是形成红茶汤色、滋味的重要物质,其含量与品质呈正相关,而茶褐素含量多时,汤色发暗,滋味淡薄。因此揉切发酵过程中必须掌握在茶黄素出现高峰时及时上烘,以高温制止酶的活性,将获得茶黄素、茶红素的高含量固定下来,才能获得优良的品质。因为红茶汤色与滋味的鲜爽度以及内质成分都是与茶黄素的变化曲线相一致的,如图5-10所示。

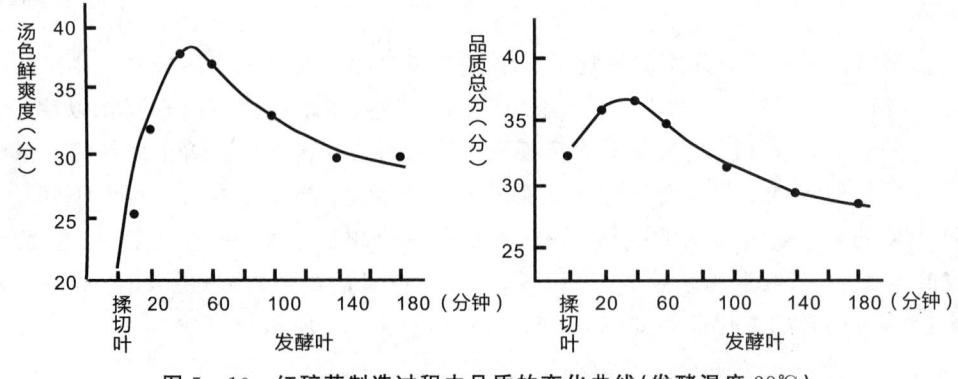

图 5-10 红碎茶制造过程中品质的变化曲线(发酵温度28℃)

由各种儿茶素氧化聚合形成的茶黄素、茶红素、茶褐素,它们都不是单一的物质,而是各自代表着一类物质。以茶黄素而言,目前红茶中分离鉴定出的就有8种,合成这8种茶黄素的儿茶素或没食子酸如表5－4、图5－5所示。

品质较好的红茶中，上述各种茶黄素的一般含量范围及其占茶黄素总量的比率如表5－5所示，TF_2和TF_3所占比例最大，其次是TF_1，以TF_4含量最少。合成TF_2和TF_3的儿茶素主要是L－EGCG、L－ECG和L－EGC，因此，这三种儿茶素是决定红茶品质的主要儿茶素。

表5－4 红茶中的茶黄素及其合成先质

(P. D. Collier 等，1973)

茶黄素种类		合成先质
名称	代号	
茶黄素 a	TF_1a	L－EGC+L－EC
茶黄素 b(异茶黄素)	TF_1b	D－GC+L－EC
茶黄素 c	TF_1c	L－EGC+D－C
茶黄素单没食子酸酯 A	TF_2A	L－EGCG+L－EC
茶黄素单没食子酸酯 B	TF_2B	L－EGCG+L－EGC
茶黄素单没食子酸酯	TF_3	L－EGCG+L－ECG
茶黄酸	TF_4	L－EC+没食子酸
茶黄酸单没食子酸酯	TF_4G	L－ECG+没食子酸

表5－5 各类茶黄素的含量及其比率

(P. D. Collier 等，1973)

茶黄素	含量(%)	总量占比(%)
TF_1(包括 TF_1a,TF_1b,TF_1c)	0.2～0.3	10～13
TF_2(包括 TF_2A,TF_2B)	1.0～1.5	48～58
TF_3	0.6～1.2	30～40
TF_4	0.05～0.1	0.2～0.3

茶叶中的茶多酚，除了儿茶素类物质以外，黄酮类物质也能在多酚氧化酶的作用下氧化聚合，其氧化产物呈橙黄至棕红色，对红茶汤色、滋味也有一定的影响。

茶多酚的氧化产物——茶黄素(TF)、茶红素(TR)和茶褐素(TB)形成以后，它们都可能有一部分要与蛋白质结合形成水不溶性物质，沉积于叶底之中，这就是形成各种叶底色泽的原因。另外茶黄素类物质可与咖啡碱络合形成鲜爽的滋味物质。此外，儿茶素的初级氧化产物——邻醌还能与某些氨基酸结合形成具有芳香的物质，从而增进茶叶香气。

红茶制造过程中叶绿素的分解破坏是很显著的，如表5－6所示，绿色的叶子经过加工以后，形成了红汤红叶的品质特征。叶绿素的分解破坏，一是由于酶性或非酶性的水解，二是由于脱镁作用而转化成脱镁叶绿素。红茶萎凋过程中叶绿素在叶绿素酶的作用下水解成暗绿色的脱植基叶绿素；在发酵中由于酸度增大，氢离子浓度增高，脱植基叶绿素经过脱镁以后形成褐色的脱镁叶绿酸;在干燥过程中另一部分叶绿素又能发生热分解或脱镁作用产生褐色的脱镁叶绿酸和黑色的脱镁叶绿素,于是使红毛茶的色泽形成黑褐色。当然,红茶色素与多酚的氧化产物、果胶物质等对干茶色泽的形成也有一定的关系。

表 5-6 红碎茶制造过程中叶绿素的含量变化

制茶方法	鲜叶	萎凋叶	发酵叶	干燥叶
传统制法	0.314	0.274	0.178	0.015
转子机制法	0.314	0.273	0.24	0.012
C.T.C 制法	0.314	0.272	0.237	0.027

类胡萝卜素在红茶制造过程中,其含量是减少的,其中 β-胡萝卜素在发酵和干燥过程中可以分解成 β-紫罗酮、α-紫罗酮、茶螺烯酮和二氢海葵内酯等具有芳香的物质,从而增进茶叶香气。

四、氨基酸、蛋白质的变化

红茶制造过程中,蛋白质是处于逐步水解的状态,水解后形成了各种游离氨基酸,因此,蛋白质含量是逐渐减少的。萎凋和揉捻过程中,蛋白质在蛋白酶的作用下进行缓慢的水解,发酵过程中一部分蛋白质与茶多酚的氧化产物结合,干燥过程中部分蛋白质在热的作用下产生热裂解作用继续分解。"祁红"制造过程中蛋白质与氨基酸的含量变化,如表 5-7 所示。

表 5-7 "祁红"制造过程中蛋白质与氨基酸的含量变化(%)

成分	鲜叶	萎凋叶	揉捻叶	发酵叶	毛火叶	足火叶
蛋白质	24.7	24.52	23.32	22.4	—	22.31
氨基酸	0.603	0.764	0.536	0.511	0.488	0.437

鲜叶经过萎凋后,蛋白质的水解,使氨基酸含量增加。揉捻发酵过程中,虽然有部分蛋白质继续水解,但因伴随着茶多酚的氧化聚合作用,不少氨基酸与茶多酚氧化产物结合,或转化成其他物质,因此总含量开始逐渐减少。红碎茶制造过程中氨基酸的含量变化如图 5-11 所示。

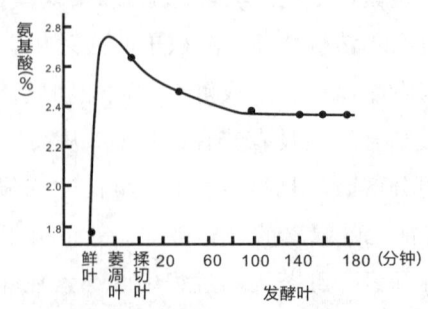

图 5-11 红碎茶制造过程中氨基酸的含量变化

由图 5-11 可以看出，萎凋过程中氨基酸的含量变化最显著。在自然萎凋的情况下，随着叶组织的失水氨基酸含量逐渐增加，如表 5-8 所示。

表 5-8 萎凋过程中氨基酸的含量变化(%)

成分	鲜叶	萎凋时间（小时）							
		3	6	9	12	15	18	21	24
氨基酸	1.24	1.47	1.43	1.6	1.82	2.04	2.31	2.45	2.45
水分	72.6	71.6	70.5	69.6	68.1	67.2	65.3	63.4	61.3

试验表明，氨基酸增加的数量主要取决于水解时间的长短，但是，叶子的失水有助于提高蛋白酶的活性。因此萎凋过程中氨基酸含量的增加是时间和失水两个因子综合作用的结果。控制萎凋失水和自然萎凋失水的对比试验就证明了这一点，如表 5-9 所示。良好的萎凋应该要有足够的萎凋时间和一定的失水量，这样才能增加较多的氨基酸含量，提高品质。

表 5-9 萎凋中控制失水与自然失水对氨基酸含量的影响

处理	含水量(%)	氨基酸(%)
鲜叶	77	1.82
控制失水萎凋 19 小时	75.9	2.48
控制失水萎凋 25 小时	75.76	2.64
自然失水萎凋 19 小时	67.83	2.73
自然失水萎凋 25 小时	64.22	3.15

红茶制造过程中氨基酸组成的变化，如表 5-10 所示。鲜叶经过萎凋以后，大部分氨基酸都有不同程度的增加，但茶氨酸因分解为谷氨酸而有所减少。经过揉捻发酵以后，大部分氨基酸含量下降，但部分氨基酸仍有增高趋势，如天冬氨酸、谷氨酸，因天冬酰胺和茶氨酸的分解而有所增加。

表 5-10 红碎茶制造过程中氨基酸组成含量的变化(毫克%)

（Der houdhury M.N 等，1980）

氨基酸	鲜叶	萎凋叶	发酵叶	干茶
丝氨酸	24.3	60.8	52.1	48
赖氨酸	8.2	28.1	24.9	21.8
苏氨酸	14.8	34	26.9	22.9
天冬酰胺	—	333.7	310.1	272.7
谷氨酰胺	46.8	120.3	99.4	88.2
丙氨酸	20.7	36.9	32.4	26.9

续表

氨基酸	鲜叶	萎凋叶	发酵叶	干茶
酪氨酸	13.3	37.2	33.8	28.9
亮氨酸+异亮氨酸	14.9	123.3	107	96.7
苯丙氨酸	17.3	140.1	124.9	112.6
缬氨酸	16.2	141.9	129.7	119.3
茶氨酸	1323.3	1112.2	991.4	900.8
天冬氨酸	140.4	265.6	268.6	228.1
谷氨酸	265.4	335.9	253.8	306.4
总量	1905.6	2770	2455	2273.3

五、糖类的变化

红茶萎凋过程中糖作呼吸作用的基质被消耗了一小部分，但是多糖和糖苷的水解作用产生了较多的可溶性糖；另外在干燥高热的条件下，多糖的裂解也会增加可溶性单糖的数量。因此在多数情况下，红茶制造过程中可溶性糖的数量是增加的。可溶性糖的增加对增进茶汤滋味的甜醇味以及甜香都是有积极意义的。"祁红"制造过程中可溶性糖的含量变化如表5－11所示。

表5－11 "祁红"制造过程中可溶性糖的含量变化(%)

样品	鲜叶	萎凋叶	揉捻叶	发酵叶	毛火叶	足火叶
样品1	0.457	0.636	0.685	0.886	—	0.754
样品2	0.494	0.665	0.704	0.841	0.761	0.572

红茶制造过程中果胶物质的变化如表5－12所示，鲜叶经过萎凋，不溶性的原果胶在原果胶酶的作用下水解成果胶素，果胶素又在果胶酶的作用下水解成果胶酸，果胶素和果胶酸都能溶于热水，统称为水溶性果胶，萎凋后水溶性果胶增加，原果胶减少，以后在发酵、干燥过程中水溶性果胶因分解又有所减少。

表5－12 红茶制造过程中果胶物质的变化(%)

（钟萝，1989）

成分	鲜叶	萎凋叶	发酵叶	毛茶
水溶性果胶	1.8	2.5	1.3	0.6
原果胶	8.8	7.1	8.1	7.9
总量	10.6	9.6	9.4	8.5

六、芳香物质的变化

在红茶制造过程中芳香物质的变化是比较复杂的,通常鲜叶中的芳香物质不到五十种,但制成红茶以后,香气成分增加到近三百种。香气成分的种类如此之多,但香气物质的含量甚微,仅为0.03%左右。

红茶的香气物质一部分是鲜叶中固有的,大部分是红茶制造过程中由其他物质转化而来的。萎凋、发酵过程中某些醇类的氧化、氨基酸和胡萝卜素的降解、有机酸和醇的酯化、亚麻酸的氧化降解、已烯醇的异构化、糖的热转化等都会产生很多新的香气物质。因此萎凋、发酵过程中香气物质是增加的。在干燥阶段,由于高温的原因,很多低沸点的香气物质大量挥发,最后剩下的是一些高沸点的芳香物质,以醇类和羧酸为主,其次是醛类、酯类等。红茶制造过程中芳香物质组成含量的变化如表5-13所示。

表5-13 红茶制造过程中芳香物质组成含量的变化(毫克/千克叶)

(山西贞等,1966)

香气类别	鲜叶	萎凋叶	发酵叶	毛茶
醇类	25.9	18.6	21.2	10.2
羰基类	1	2.2	4.6	1.9
羧酸类	3	3.6	7.9	6.7
酚类	1.02	0.69	1.47	0.14
总量	30.92	25.09	34.87	18.94

七、酸度的变化

红茶制造过程中由于糖类物质降解产生有机酸,酯类儿茶素的水解产生较多的没食子酸,某些醇和醛类的氧化产生有机酸,另外果胶素、叶绿素等的水解都能产生某些酸。各种酸类物质的增加,使得pH逐步下降。鲜叶的pH为6.5左右,呈弱酸性,经过萎凋、发酵以后,酸度明显增高,通常发酵60分钟以后,pH降至5.0左右,如图5-12所示。

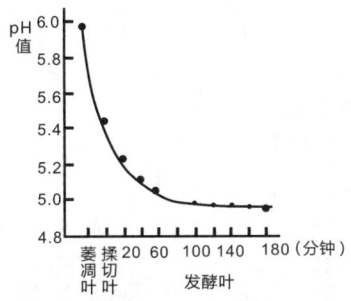

图5-12 红碎茶制造过程中pH的变化(发酵温度28℃)

八、咖啡碱的变化

在红茶制造过程中咖啡碱的含量是有所下降的。红茶中咖啡碱与茶黄素等多酚氧化产物产生的络合物质是形成茶汤冷后浑的原因。这种络合物热时溶解,冷时乳凝混浊。咖啡碱与不同的氧化产物络合后乳凝颜色是不同的,与茶黄素络合滋味鲜爽,冷后呈黄亮色;与茶褐素络合后,冷后呈暗黄褐色;与茶红素络合后,冷后呈棕红色。

【复习练习题】

1. 红茶制造过程中一系列的生化变化由什么起作用?为什么?
2. 红茶制造中茶多酚含量的减少幅度与什么有关系?为什么?
3. 红茶制造中茶多酚类氧化的产物是什么?与品质的关系怎样?
4. 红茶干茶色泽和叶底颜色成因是什么?请说明。

项目六　乌龙茶、黑茶、白茶品质形成化学

【知识目标】
(1)掌握乌龙茶、白茶、黑茶制作流程，主要工艺参数以及各工序的主要化学成分的变化。
(2)重点掌握乌龙茶、白茶、黑茶品质形成的基本原理。

【技能目标】
(1)具备应用乌龙茶、白茶、黑茶制作流程，主要工艺参数以及各工序的主要化学成分的变化规律的能力。
(2)具备概括影响乌龙茶、白茶、黑茶品质的主要化学成分的能力；具备概括乌龙茶、白茶、黑茶品质的主要化学成分与茶叶感官性质、功效的基本关系的能力。

【必备知识】

一、乌龙茶品质形成化学

乌龙茶又称青茶，是我国六大茶类之一，属部分发酵茶。乌龙茶以香高味浓闻名，与其选用的茶树品种独特，鲜叶采摘比较成熟，并采用晒青、做青的特殊工艺，在适宜的温湿度中制造密切相关。由于采用独特茶树和比较成熟的茶青，内含较丰富的脂溶性(即醚浸出物)和糖类物质，成为高香气生成的物质基础；加工过程中将鲜叶发酵控制在叶缘和一定变化范围内，叶缘发生多酚类氧化为主要发酵特征的化学反应，因而形成了香高、滋味浓厚回甘、"绿叶红镶边"、汤色金黄的品质特点。乌龙茶的制造要有适制乌龙茶的茶树品种，其鲜叶原料要求有别于绿茶、红茶等，要有一定的"成熟"度，即适制乌龙茶鲜叶的化学性状，如表6-1所示。

表6-1　适制乌龙茶鲜叶的化学性状

成分	含量或指标
多酚类	25%左右，<25%
儿茶素	>160mg/g,适中

续表

成分	含量或指标
酯型儿茶素:简单儿茶素	1.5～2.0
酚氨比	9～13
氨基酸	>2%，适中
水浸出物	40%左右
总糖量	丰富
蛋白质	中等
醚浸出物	丰富

乌龙茶品质特征的形成，除了鲜叶要满足要求外，还需要加工技术相配合。乌龙茶加工过程包括晒青、凉青、做青、杀青、揉捻、干燥等工序。其中做青是乌龙茶的特有工序，是乌龙茶品质形成的关键工序。

乌龙茶主产福建、广东和台湾，著名代表品种有闽北武夷岩茶、闽南安溪铁观音、广东凤凰单丛和台湾冻顶乌龙、文山包种等。品种间在树种、工艺细节的差异导致品质各具特色。

(一)乌龙茶对鲜叶原料的要求

1.鲜叶太嫩，不适制乌龙茶

(1)醚浸出物含量低，形成乌龙茶香气的物质基础差。

茶树芽叶中的醚浸出物的含量，随伸育期的延长而增加。醚浸出物是指茶叶内含物中能溶解于乙醚的物质，它是一种混合物，包括各种芳香物质、油脂、色素（如胡萝卜素、叶黄素）等，这些物质或本身具有香气，如香精油；或是香气成分的物质，通过茶叶加工过程的水解、氧化、酯化等作用，能生成新的香气成分。因此，如果醚浸出物含量低，则形成乌龙茶香气的物质基础差。鲜叶有一定成熟度，醚浸出物含量高，对乌龙茶品质特别是香气的形成，奠定了良好的基础。

(2)多酚类、儿茶素的总量高，且酯型儿茶素比例较大，不利于乌龙茶品质的形成。

乌龙茶属部分发酵茶，要求鲜叶中有一定的多酚类，需要多酚类的适当氧化，以形成茶汤必要的汤色和滋味及"三分红"的特征。但如果鲜叶原料太嫩，成茶中多酚类的保留量较多，制成的乌龙茶汤味苦涩，对品质形成不利。多酚类的过多氧化，会形成红汤、红叶等不良现象。儿茶素的组成中酯型儿茶素的比例也高，酯型儿茶素具有强烈的苦涩味，易溶于水，茶汤中含量过多，汤味必苦涩。酯型儿茶素中的L－EGCG，含量占儿茶素总量的50%～60%，该酯型儿茶素氧化形成邻醌后易进一步产生聚合作用，形成红、褐色等化合物。所以用细嫩芽叶制乌龙茶，茶色红褐、灰暗，汤色偏红，不是金黄或橙黄。

项目六　乌龙茶、黑茶、白茶品质形成化学

表 6－2　新梢不同叶位的儿茶素组成变化

	叶位	一叶	二叶	三叶	四叶
简单儿茶素(mg/g)	L－EGC	20.8	26.28	29.44	27.55
	D,L－GC	5.69	7.47	6.11	6.72
	L－EC+D,L－C	7.79	10.10	10.03	9.2
	总量	34.28	43.88	45.58	43.47
	占儿茶素总量(%)	20.00	28.92	37.27	38.88
酯型儿茶素(mg/g)	L－EGCG	105.72	90.78	54.37	53.46
	L－ECG	29.5	17.06	22.32	17.46
	总量	135.22	107.84	76.69	70.92
	占儿茶素总量(%)	80.00	71.08	62.73	61.12

简单儿茶素味爽，没有明显的苦涩味，其氧化还原电位也大多较高，氧化后能强烈地夺取其他物质分子上的氢原子而还原，促进了物质的转化，与乌龙茶香气的形成有重要关系。显然，茶树新梢叶子伸育较成熟，简单儿茶素含量较高，对乌龙茶的滋味、汤色和香气都有积极的意义。

(3)幼嫩芽叶中氧化酶的浓度大，活性强，做青难控制。

做青时多酚类物质的酶促氧化过于激烈，红色氧化产物迅速积累，做青过程的发酵作用难以控制，叶片易红变，不利于乌龙茶的典型香气及其品质的形成。

表 6－3　不同伸育程度新梢酶的活性[多酚 mg/(g 干物·h)]

伸育阶段	芽	一芽一叶	一芽二叶	一芽三叶	梢下老叶
酶活性	187	167	122	80	45

(4)嫩叶中单、双糖含量较低，影响品质的提高。

嫩叶中单、双糖含量较低，而茶青中单、双糖含量与乌龙茶的品质关系呈正相关关系，因单、双糖能使茶汤甜醇，醇化茶汤滋味，且在加工过程中可与氨基酸产生一定的化学反应，形成香气成分。

表 6－4　不同熟度叶含糖量

叶态	嫩叶	成熟叶	老叶
单糖(%)	11.6	16.8	22.77
双糖(%)	8.5	15.1	33.7

从表 6－4 可以看出，成熟叶中的单、双糖含量均比嫩叶明显增加，所以成熟度较高的鲜叶制成的乌龙茶醇和，香气高。

(5)嫩梢蛋白质含量高，制茶过程易消耗部分有效成分，降低制茶品质。

加工过程蛋白质部分水解为氨基酸，增进茶叶品质，但蛋白质含量太高，会大量与多酚类

氧化产物结合,形成不溶于水的复合物,降低茶汤浓度,并使茶汤混浊而不清澈,叶底红褐。

表6－5 茶树芽叶伸育过程蛋白质的含量变化

伸育期	初期	中期	后期
粗蛋白(%)	33.31	28.37	23.7
纤维素(%)	8.88	12.92	15.86

(6)嫩梢叶细胞壁纤维化程度低,做青时叶细胞组织易受伤,做青难把握。

嫩梢叶细胞组织易受碰青、摇青等机械作用而破损,引起内含儿茶素与氧化酶大量接触,产生酶促氧化,使做青不易掌握,造成发酵过度,茶叶红多绿少,甚至可能全部变红,成品红暗,滋味、汤色相应受到影响。

2.鲜叶过于粗老也不适合制乌龙茶

用粗老的鲜叶制乌龙茶:茶外形粗松,色枯燥,滋味淡薄,香气低短,品质差。这是由粗老的鲜叶物质基础决定的。

(1)儿茶素总量低。

儿茶素是茶汤浓度、收敛性及爽口味的重要品质成分,其含量少,成茶汤味必定淡薄。

(2)氨基酸含量少。

氨基酸本身是茶汤鲜爽的重要组成成分,同时在制茶过程中可转化为茶叶的香气成分,有些氨基酸本身也具有一定的香气,粗老叶中氨基酸含量低,成茶鲜爽味差,香气低短。

(3)咖啡碱含量低。

咖啡碱也是茶叶的重要品质成分,茶汤中含量少,爽口性与刺激性下降。

(4)水溶性果胶含量少。

水溶性果胶含量高能使茶叶的外形油润及条索紧结,增进茶汤浓度和黏稠性,并使汤味甘醇。老叶中含量低,成茶外形枯燥,汤味粗淡,缺回甘,叶底无光。

(5)纤维素含量高。

由于粗老叶的叶细胞及输导组织纤维化程度很高,初制揉捻时较难成条,所以产生茶叶外形粗松。

表6－6 新梢不同叶位化学成分的含量变化

部位	一叶	二叶	三叶	四叶	梢茎
儿茶素(mg/g)	124.25	112.58	101.45	88.48	62.94
水浸出物(%)	46.61	45.16	44.60	43.05	38.04
氨基酸(mg/g)	150.50	146.00	127.80	100.00	97.20
咖啡碱(%)	3.58	3.56	3.23	2.57	2.15
粗纤维(%)	10.87	10.90	12.25	14.43	17.08
水溶性果胶(%)	3.00	2.05	1.70	—	2.00

(二)乌龙茶加工工艺

乌龙茶的制作,从初制到精制,工艺流程分为12道。

1.初制工艺流程:鲜叶→晒青与凉青→做青→杀青(炒茶)→揉捻→干燥6道工序。

(1)鲜叶:适度成熟叶,采摘梢2~4叶。

(2)晒青:将茶叶内多余的水分去掉,只剩下10%~15%。

凉青:晒青适度后,将晒青叶二三筛拼一筛(每筛摊放晒青叶1~2kg)。移入室内凉青架上凉青20~30分钟。凉青过程中,叶内水分重新分布和缓慢地失水。

(3)做青:做青就是将碰青、摇青、静置3个过程往返交替数次进行,至少4次以上。

(4)杀青:高温快速,杀熟、杀透、杀均匀。

(5)揉捻:让茶叶条索紧结,叶细胞破碎率在50%~60%。

(6)干燥:烘焙两次以上,茶胚失水率在90%~94%。

2.精制工艺流程:归堆→拣剔筛末→拼堆(分级)→烘焙(提香)→摊凉→包装6道工序。

(1)归堆:同香型的归堆,翻拌均匀。

(2)拣剔筛末:茶枝、末、黄片≤1.8%。

(3)拼堆:按表6-7等级标准分级拼堆。

(4)烘焙(提香):烘焙两次以上,含水率4%~5%。

(5)摊凉:退热至室温,密封封存。

(6)包装:符合食品卫生标准。

乌龙茶加工的晒青和做青工艺是形成乌龙茶的特征操作,在操作过程中根据鲜叶的特征、温度、水分、形状、色泽等因素改变加工参数,以利于促进茶叶品质的形成。

表6-7 乌龙茶感官品质分级表

项目		级别			
		特级	一级	二级	三级
外形	条索	紧结壮直	紧结壮直	尚紧结	尚紧结
	色泽	褐润有光	褐润	尚润	乌褐
	整碎	匀整	匀整	匀齐	匀净
	净度	洁净	洁净	较洁净	尚洁净
内质	香气	天然花香、清高细锐、持久	清高花香、持久	清香尚长	清香
	滋味	鲜爽回甘,有鲜明花香味,特殊韵味	浓醇爽口,有明显花香味,有韵味	醇厚尚爽,有花香味	浓醇,稍有花香
	汤色	金黄清澈明亮	金黄清澈	清黄	棕黄
	叶底	淡黄红边,软柔鲜亮	淡黄,软柔,明亮	淡黄,尚软,尚亮	尚软,尚亮

(三)乌龙茶各工序物质变化

1.晒青

晒青是形成青茶品质的基础,其实质是利用太阳光的作用使叶温升高,促使叶内水分蒸发,但更重要的是受阳光中的各种光谱的作用,使叶内产生一系列的化学变化,形成乌龙茶的色香味。

表6−8 晒青对茶叶化学物质含量的影响

晒青时间(分钟)	晒青程度(%)	多酚类(%)	黄酮类(mg/g)	氨基酸(mg/100g)	水溶性糖(%)
0	76.41	37.06	11.02	2075.23	4.18
10	75.60	36.70	10.94	2159.36	4.49
20	74.35	35.76	10.56	2277.41	4.63
30	73.07	33.37	10.73	2324.76	4.95

(1)水分减少,提高酶活性,促进物质转化,为后续物质变化做准备。

(2)发生以水解为代表的酶促反应,增加水溶性物质的含量,增进茶汤滋味。

(3)减少青气成分,提高制茶香气。

(4)酯型儿茶素有一定的水解转化成简单儿茶素,减少苦涩味的多酚类物质含量比例,改善茶汤滋味。

2.凉青

(1)发散热气,降低叶温,控制叶子的理化变化速度,利于做青过程的发酵控制。

鲜叶经晒青后,叶温一般在30℃左右,甚至达到35℃以上,叶子水分蒸发较快,叶内物质反应处于激发状态,不利于做青过程的控制,凉青可以避免叶子急速萎凋,防止多酚类产生明显氧化,影响香气,汤色出现红茶汤色。

(2)促进晒青叶中水分的重新分布,充分利用输导组织的有效成分。

鲜叶经晒青后,茎、脉中的水分高于叶片,叶片细胞能从叶脉、叶梗中吸取水分,恢复紧张状态,使水分重新分布,实现输导组织中的可溶性物质被送到叶片,提高了对输导组织的有效成分的利用。

(3)继续晒青过程的生化变化,发展制茶品质,并进一步为做青准备条件。

凉青结束时各类酶活性明显提高,如表6−8所示。

表6−9 晒青、凉青酶活性变化

项目	水分(%)	多酚氧化酶[多酚 mg/(g 干物·h)]	过氧化物酶[脂肪酸 mg/(g 干物·h)]
鲜叶	75.41	100	100
晒青叶	70.50	103.2	144.5
凉青叶	69.65	188.6	190.9

3. 做青

做青就是由碰青、摇青、静置3个过程多次交替进行,至少4次以上。

(1)做青叶在碰青、摇青过程中,叶片边缘细胞组织逐渐损伤而逐步红变,由黄转红色,再变为朱砂红色。

(2)实现走水,退青和还阳也是交替进行。退青:茶青经摊放静置,因轻度失水呈萎蔫状态;还阳:经摇青后又能恢复充水状态。

(3)做青叶在摇青和静置过程中,叶片水分缓慢蒸发,内含物发生着如同萎凋的化学变化。

做青的实质是半发酵和半萎凋的综合过程。做青叶的水分在叶片"退青与还阳"的反复过程中,通过"走水"促进物质的氧化、水解、合成等生化变化,其作用有几个方面:散失水分(轻度萎凋);挥发青气;可溶成分向叶片组织积累,产品冲泡时可溶物增加,同时引起物质的深刻变化。

(1)多酚类的氧化:乌龙茶的鲜叶加工,既需要多酚类的一定氧化,又需要控制它的氧化。儿茶素一般减少25%～40%。乌龙茶儿茶素的氧化与红茶的发酵过程不同:鲜叶萎凋时间短,氧化酶的活性准备没有红茶发酵时充分,不至于氧化太快;儿茶素与氧化酶的接触是缓和的,儿茶素的氧化受到低温和低氧的限制。氧化时间长而缓慢,避免了激烈氧化。

(2)芳香物质的变化:低沸点的青气成分继续挥发或转化,高沸点的花、果香成分进一步显露,同时通过发酵作用形成大量新的芳香物质。

做青过程中鲜叶气味变化走向:青气→青辣气→青花果香→花果香微青→花果香。

(3)糖类和蛋白质的水解增加可溶物的含量:做青过程,做青叶尚具有生理机能,其中的水解酶活性仍然存在,因而碳水化合物、蛋白质,在水解酶的作用下,能继续产生水解,形成可溶物。

(4)色素的变化:叶绿素在做青过程的半发酵半萎凋作用下,受到一定的破坏,叶色由深绿变为浅绿。叶绿素酶的催化水解;邻醌偶联氧化作用,降解叶绿素;受叶细胞内酸性增强,产生脱镁叶绿素。

4. 杀青(炒青)

杀青是结束做青工序的标志,是利用高温破坏茶青中的蛋白酶活性,以抑制多酚类化合物酶性氧化反应为主等酶促反应,固定做青形成的品质,防止做青叶的继续氧化和发酵。高温湿热作用下,叶子的青叶醛、青叶醇及正己醇等低沸点青气大量挥发,高沸点的芳香物质逐渐显现,以及叶绿素、蛋白质与氨基酸、糖类及茶多酚等内含物质转化,形成大量新的色、香、味物质。

同时杀青使做青叶失去部分水分呈热软态,为后道揉捻(或包揉)工序提供基础条件。

5. 揉捻(或包揉)

揉捻的意义一是造型,使叶子紧结成形;二是破坏叶细胞组织,使内含物黏附于叶子表面,增强干茶色泽,便于冲泡饮用。揉捻是叶细胞组织继做青后做更大破坏的过程,促进茶叶内含物质进一步相互接触,仍会引起一定的物质变化,多酚类和水浸出物含量有所下降,氨基酸含量稍有增加,可以提高成茶醇爽度,调和茶汤滋味。

6.干燥

(1)蒸发水分,固定品质,紧结条形,发展香气和转化其他成分,对提高青茶品质有良好作用。如岩茶毛火时高温快烘,使茶叶通过高温转化成一种焦脆香味,足火后的茶叶进行文火慢炖的吃火过程,对于增进汤色、提高滋味醇度和辅助茶香熟化等都有很好的效果。

(2)发展香味

①一些不溶性物质如蛋白质、淀粉发生热裂作用和香气物质如青叶醇异构化作用,对增进滋味醇和、香气纯正有很好的效果。

②引起脂类物质的降解,并使胡萝卜素、叶黄素等萜烯类物质发生一系列分子裂解、重排和加成反应,产生多种具花香的 β—紫罗酮、二氢海葵内酯等化合物,从而构成乌龙茶的香气。

(四)乌龙茶化学物质变化

1.茶多酚类的变化

乌龙茶制造过程的化学变化具有红茶的某些特征,包括多酚类酶促氧化、物质水解、脂质降解、叶绿素破坏以及由多酚类氧化引发的一系列次生反应等;同时,由于制造原料和工艺不同,这些变化在节奏控制和反应程度上又有其自身的特点,从而决定了乌龙茶独特的品质成分组成。

据研究报道,多酚氧化酶和过氧化物酶活性从晒青阶段开始上升,至做青过程中的前期工序达到最高值后趋于下降。在此期间,随着儿茶素的大量减少,茶黄素、茶红素和茶褐素的含量则持续增加。有资料显示,多酚类总量在乌龙茶初制过程中逐渐减少,全过程减少达33.45%,其中又以摇青工序减少最多;L-EGC、L-EGCG、L-ECG 为儿茶素中减幅最大的成分。张杰等[1]人的结果表明,做青过程中多酚类、儿茶素、黄酮类总量均呈下降趋势。叶缘与叶心比较,叶缘中这3种成分的初始含量均高于叶心,但减少速度比叶心更快,其中茶黄素、茶红素和茶褐素的积累也较多,如表6-9所示。这是由于叶缘因细胞组织破损改变了内部的水分、氧气和膜透性条件,从而有利于酶活性的提高和多酚类的氧化。

表6-10 做青过程中主要色泽相关物质含量的变化

(张杰等,1993)

成分	样品	鲜叶	凉青	晒青	摇青			
					第一次	第二次	第三次	第四次
茶多酚(%)	叶缘	22.12	21.66	21.41	20.17	19.89	17.56	16.1
	叶心	19.44	18.96	18.62	18.07	18.24	13.35	16.44

续表

成分	样品	鲜叶	凉青	晒青	摇青			
					第一次	第二次	第三次	第四次
儿茶素(mg/g)	叶缘	173.97	170.73	164.98	151.44	140.64	129.35	112.91
	叶心	152.2	151.28	142.61	141.38	139.8	131.53	124.98
黄酮类(mg/g)	叶缘	11.95	11.84	11.92	11.83	12.13	11.83	12.11
	叶心	10.36	10.34	10.32	10.39	10.78	9.98	10.9
叶绿素(%)	叶缘	0.91	0.88	0.89	0.87	0.71	0.72	0.69
	叶心	0.88	0.87	0.86	0.86	0.84	0.74	0.71
茶黄素(%)	叶缘	0.05	0.06	0.07	0.07	0.1	0.12	0.1
	叶心	0.06	0.06	0.05	0.06	0.07	0.08	0.06
茶红素(%)	叶缘	2.97	3.36	3.58	3.75	4.19	3.92	4.07
	叶心	3.05	3.72	4.08	3.97	4.29	3.66	3.59
茶褐素(%)	叶缘	2.47	2.54	2.74	2.9	2.86	2.91	3.26
	叶心	2.53	2.54	2.87	2.86	2.98	2.82	3.04

2.芳香物质的变化

乌龙茶香气成分转化与形成的重要条件和显著特点包括：

(1)适当的茶树品种或较成熟的鲜叶中芳香物质及其前体含量丰富，醚浸出物（类胡萝卜素、油脂、脂肪酸等）和萜烯糖苷等含量较高。

(2)嫩茎中的内含物通过"走水"输送至叶细胞以增进香气的形成。

(3)晒青和做青促进了萜烯糖苷的水解和香气的释放，同时，长时间的制茶操作使一些低沸点不良气味充分释逸，香味化学组成得到改进。

(4)适度的氧化限制了脂质降解产物和低沸点醛、酮、酸、酯等成分的大量积累，加之上述释逸作用，故成茶青气不显而花香浓郁。

据报道，除个别品种外，所有香气成分含量在晒青和摇青的共同作用下都有所提高；另外的结果则显示，己烯酯类、芳樟醇氧化物、倍半萜烯类、顺-茉莉酮、茉莉内酯和苯乙醛等成分仅仅经过摇青处理即可大量形成。竹尾忠一的试验表明，晒青和摇青是造成乌龙茶与红茶香气差异的重要工艺因素，并认为氧化反应活跃的红茶由脂质降解产生的成分较多，而乌龙茶则由水解生成的高沸点部分占有较大比重。无疑，晒青和做青过程中在光照、温度及长时间水分交替变化（走水与还阳）的作用下发生的水解反应是十分明显和重要的。试验表明，细胞组织的机械损伤可加速萜烯糖苷的水解，如果用白炽灯加温代替晒青并结合摇青处理，其结果比不摇青处理的在芳樟醇及其氧化物、橙花叔醇、香叶醇含量上均有所提高。萜烯糖苷作为重要的香气前体，其释放香气（萜烯类）的能力和条件（包括鲜叶各部位萜烯糖苷的积贮量，

pH、温度、水分、激活剂抑制剂等酶活性影响因子及机械损伤)已引起广泛关注。如何通过合适的工艺使之得到更大程度的利用,具有极高的研究价值。

伍锡岳等[2-3]对岭头单丛茶的芳香物在加工过程中的的变化进行研究,其结果如下:

(1)成茶以芳樟醇及其氧化物、橙花叔醇、香叶醇、顺－茉莉酮,3,7－二甲基－1,5,7－辛三烯－3－醇,己醛、吲哚、(反)－2－己烯醛、(顺)－3－己烯基己酸酯等香气组分为特征香气。

(2)岭头单丛茶在干燥阶段非酶性构成的芳香物质总量大于做青阶段酶性构成总量。

(3)清纯淡雅花蜜香的岭头单丛茶含橙花叔醇较高,是主体主导芳香成分物质,含3,7－二甲基－1,5,7－辛三烯－3－醇较低;而清纯蜜香馥郁的岭头单丛茶则含3,7－二甲基－1,5,7－辛三烯－3－醇高,是主体骨干芳香组分物质。

(4)进一步证明橙花叔醇及其形成途径主要不是由糖苷酶水解产生的,在杀青之后仍大量增加。

3.叶绿素的变化

乌龙茶制造过程中叶绿素总量从鲜叶的0.824%下降到足火时的0.228%,整个初制过程减少约72%,减幅介于绿茶与红茶之间;但叶心部位的叶绿素比叶缘得到较多的保留。据刘仲华等人的结果,乌龙茶制造中叶绿素的酶促降解反应比红茶更为强烈。叶绿素首先生成叶绿酸,进而再转化形成脱镁叶绿酸酯。因此,乌龙茶的脱镁叶绿酸比红茶高2~5倍。叶缘叶绿素的充分降解、叶心叶绿素的较多保留,加上丰富的脱镁类叶绿素降解产物及适量的多酚类转化色素等,所有这些因素的共同作用形成了乌龙茶干茶砂绿油滑、叶底绿心红边的品质外观特征。

4.果胶与果胶酶

果胶物质是糖的高分子化合物,在新梢中以原果胶素形式存在。采后加工中,原果胶酶活性增强,使部分原果胶素喷发化为果胶素,黏性增大,对乌龙茶茶条形或卷曲形的定型起重要作用。水溶性果胶在晒青、凉青、杀青、炒坯和烘坯过程中均有增加。果胶素在酸和热的作用下,加水分解成果胶酸和半乳糖醛酸。

5.糖与蛋白质

乌龙茶加工过程中,糖类和蛋白质分别降解成可溶性糖、氨基酸,同时部分可溶性糖、氨基酸又被热、氧化基质转化消耗,这两种物质含量从茶青到足火都是从增加到减少的变化趋势,如表6－10所示。

在晒青和凉青过程中,既有多糖和糖苷的水解作用产生可溶糖的因素,又有可溶性糖作为氧化基质而被损耗的因素。杀青至足火过程中,除了毛火及杀青工序外,可溶性糖含量均是直线下降的。

氨基酸含量在晒青工序后有所增加,凉青时减少。在做青过程中,既有蛋白质分解为氨基酸,又有氨基酸大量消耗,如氨基酸与多酚类、糖互相作用;被氧化脱氨基和脱羧而生成香味等。在杀青过程中,由于杀青热的作用,蛋白质大量分解,而氨基酸含量增加较多。在随后揉捻、干燥以及精加工过程中,氨基酸含量均呈减少趋势。

表 6-11 铁观音茶在加工中多酚类、氨基酸、可溶性糖、水浸出物的含量变化

(黄天福,1999)[4]

工序	多酚类(%)	氨基酸(%)	可溶性糖(%)	水浸出物(%)	工序	多酚类(%)	氨基酸(%)	可溶性糖(%)	水浸出物(%)
鲜叶	25.00	2810.81	4.23	39.96	初烘	14.15	2188.34	3.76	35.14
晒青	19.86	2943.60	4.13	38.47	初包揉	15.13	1940.60	3.43	34.6
凉青	20.49	2238.28	4.59	47.64	复烘	15.62	2160.65	3.67	35.88
做青	16.77	2034.10	3.99	34.87	复包揉	14.24	1947.35	3.46	36.12
炒青	14.42	2312.94	3.76	36.26	足火	14.27	1960.71	2.87	35.59
揉捻	13.00	1966.96	3.33	34.92					

(五)乌龙茶品质形成机制

1.色泽与滋味

乌龙茶品质成分种类基本在红茶和绿茶的范围内,但品质综合表现有所不同,这主要是由于含量和组成上的差异所致。就红茶而言,多酚类及其氧化产物是主要的色、味物质,特别是茶黄素、茶红素的含量更被视为红茶品质和价格的指标。而对于绿茶,茶汤的"苦、涩"主味大部分来自多酚类。然而,在乌龙茶中包括这两类成分(多酚类和其氧化色素)在内的多种成分之间必须相互协调,特别是在多酚类与其氧化色素之间的比例上,多酚类保留过多(发酵太轻、鲜叶太嫩)或氧化产物过量积累(发酵太重)都可导致风味的丧失和质量的下降。

乌龙茶色泽、滋味成分及其作用如表 6-11 所示。从表 6-11 可见,叶绿素和多酚氧化色素这两类在红、绿茶中彼此不可调和的成分共同参与了乌龙茶叶底、干茶色泽的形成。同时,为使滋味纯正优质,成茶中多酚类的保留和多酚类氧化色素的积累都应有所限制。总之,既要达到乌龙茶叶底、干茶及汤色外观要求,更需注重茶汤的内质。

表 6-12 乌龙茶色泽、滋味形成的化学基础

品质特征	主要成分	说明
叶底:绿心红边	红边:(与叶心比较)茶黄素、茶红素、茶褐素积累较多;较少叶绿素残留 绿心:(与叶缘比较)较多叶绿素保留;较少"3素"积累;适量叶绿素降解产物	鲜叶颜色深浅、叶缘叶绿素降解和多酚类氧化程度是影响其形成的关键 水"还阳"不畅不显都不利于"消青"和"红边"的形成

续表

品质特征	主要成分	说明
干茶:砂绿油润	(与红茶比较)较多叶绿素和脱镁类叶绿素降解产物;少量"3素";其他色素	对鲜叶颜色及叶绿素含量有一定要求,一般以颜色偏深、叶绿素含量较高为宜
汤色:橙黄明亮	以茶黄素为主,辅以适量茶红素、儿茶素轻度氧化产物和黄酮类等	发酵太重时,多酚类氧化产物特别是茶红素、茶褐素积累过多,汤色偏红趋暗;发酵太轻,汤色淡而泛青
滋味:浓厚爽口	水溶物丰富;适量茶黄素、茶红素和残留儿茶素;较多可溶性糖;一定含量的氨基酸、咖啡碱等	鲜叶粗老、发酵过度会因为多酚类含量不足或转化过量导致其保留量不够,降低汤的刺激、厚重滋味;茶汤苦涩、单调

注:3素是指茶黄素、茶红素、茶褐素。

2.香气

(1)香气产生路径

乌龙茶制造中香气的基本来源包括:①脂质降解产物,如脂肪酸、低级醇和低级醛类;②偶联氧化产物,如β-紫罗酮、二氢海葵内酯,如图6-1所示;③糖苷水解产物及其转化物,如香叶醇、芳樟醇及其氧化物。乌龙茶中脂质降解产物和偶联氧化产物较少;而糖苷水解产物及其他高沸点成分的含量较高。如前所述,这是乌龙茶制造工艺带来的结果,长时间做青或"重摇"都有利于增加高沸点成分的积累。乌龙茶香气成分种类和含量较红茶少,但发酵重的类型较接近红茶。另外值得注意的是,被认为是所有烘烤茶香气成分的吡咯、吡嗪类在一些乌龙茶样品中没有检出,说明干燥环节对乌龙茶香气产生机制与其他茶类有差别。

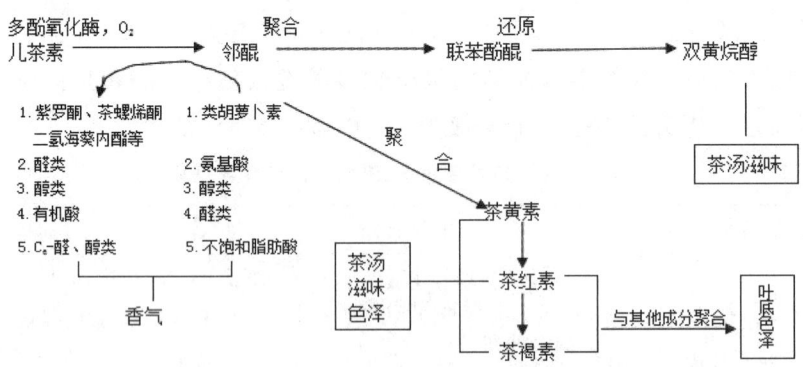

图6-1 乌龙茶发酵过程中的偶联氧化

(2)品种香

竹尾忠一发现,不同品系的萜烯指数表现差异比较大,即一个茶树品种主要产生香叶醇还是芳樟醇以及它们之间的比率如何,早在加工之前几乎就已经确定。他认为,与品种有关的香气成分主要有芳樟醇及其氧化产物、香叶醇、橙花叔醇、苯甲醇、2－苯乙醇、顺－茉莉酮、茉莉内酯和茉莉酮酸甲酯等。林正奎等从4个乌龙茶品种中发现了12种特征香气成分，除吲哚等个别成分外，其余与竹尾忠一的结论一致。这些成分，特别是香叶醇、芳樟醇及其氧化产物和橙花叔醇所表现出的品系(种)稳定性及品系(种)之间的差异性已在乌龙茶成茶香气成分的分析比较中得到证实。

研究表明，橙花叔醇是福建乌龙茶最高的香气成分，但品种个体间差别很大，从水仙的5%～14%至春兰的55.5%，足以说明乌龙茶"品种香"的普遍性和显著性。"品种香"是由个别成分主导、其他成分参与调制出来的特殊香气，既代表一种风味，又呈现一定的品味。松井阳吉从乌龙茶中分离鉴定的香气成分列举了乌龙茶不同类型香气的几种主要成分，可作为其"品种香"研究的新起点，如表6－12所示。

表6－13 乌龙茶香型及其主要化学成分

（松井阳吉，1996）

香型	关联成分
嫩叶的清爽性香气	顺－3－己烯醇，正己醛
铃兰的清爽性花香	芳樟醇，芳樟醇氧化物，类吡喃物质
蔷薇的温暖性花香	香叶醇，2－苯己醇
茉莉、栀子的甜而浓稠性花香	β－紫罗酮，顺－茉莉酮，茉莉酮酸甲酯
果实、干果类的香气	茉莉内酯，茶螺烯酮
木质类的木香	乙烯苯酚，橙花叔醇

二、黑茶品质形成化学

黑茶是六大茶类之一，也是中国最有特色的一大茶类。目前的国内产销量在绿茶之后排第二，比红茶还高。黑茶生产历史超过千年，产区主要集中在湖南、云南、湖北、四川、广西等地，因各地原料特性各异，或因长期积累的加工工艺等差异，形成了各自独特的产品形式和品质特征。主要花品色种有普洱茶、茯砖、黑砖、花砖、千两茶、天尖、贡尖、生尖、青砖、六堡茶、康砖、金尖等，产品形式有紧压砖型、紧压篓装型、紧压沱饼型、紧压柱型。

我国黑茶产地多品种多，加工技术不尽相同，品质风味各异，但存在共同特点：①鲜叶原料较为粗老，一般都是茶树形成驻芽后开采，叶老梗长，产品外形粗大；②加工过程都有其特有工序——渥堆，有的采用毛茶干坯渥堆，如湖北老青砖和四川茯砖，有的采用湿坯渥堆，如湖南黑茶和广西六堡黑茶等；③共同的品质特征，即外形条索卷折，色泽黄褐油润，忌暗褐；内质醇和不涩，汤色橙黄不绿，叶底黄褐不青，忌红叶。

(一)黑茶品质形成化学

1.黑茶品质特征

黑茶品质的共同特点是:外形叶张宽大厚实,条索卷折,色泽黄褐油润,汤色棕红色,滋味醇和。

(1)色泽。

干茶和叶底的色泽与茶汤颜色是两种不同色泽概念,由不同的化学成分决定。黑茶类的干茶,色泽黑褐,汤色棕红色,叶底深红暗棕色。

①黑茶类的干茶黑褐,这是由叶绿素、β-胡萝卜素、叶黄素和黄酮类物质及其产生的各种不同的氧化、聚合反应形成的橙色、橙褐色泽[5]。因叶绿素保留极微而被其他色素所掩盖。黑茶中茶褐素比例较红茶高,它常与茶叶中蛋白质等物质结合生成难溶于水的深色高聚物而沉积于叶子表面,成为叶底颜色。

绿色的叶绿素在黑茶初制中逐步减少而引起叶色改变。

叶绿素 a 含量:鲜叶 11.06mg/g,毛茶 5.266mg/g。

叶绿素 b 含量:鲜叶 4.986mg/g,毛茶 2.518mg/g。

叶黄素含量:鲜叶 0.812%(干重),毛茶 0.271%。

胡萝卜素含量:鲜叶 0.325%(干重),毛茶 0.579%。

由于叶绿素较大量地降解成黑褐色的脱镁叶绿素和黄褐色的脱镁叶绿素 b,鲜叶中的主体颜色——绿色已减弱,具有橙色的胡萝卜素和深黄色的叶黄素保留较多,从而使绿色减退,黄色显露。

②加工过程中微生物分泌的胞外酶之一多酚氧化酶催化茶多酚类的氧化、聚合,总量和各组分相应减少,儿茶素的氧化产物邻醌(黄色)、茶黄素、茶红素和茶褐素等,组成汤色黄、橙、棕等色泽,是黑茶的主体成分。

③干燥、高温条件下,糖与蛋白质发生美拉德反应(糖氨反应)产生黑色产物。

(2)滋味。

黑茶原料粗老,茶多酚、氨基酸和咖啡碱含量较高,尤其是蛋白质、糖类物质含量较鲜嫩叶多。在渥堆发酵时微生物繁殖、分泌胞外酶的作用下发生了酶促反应、热化学反应的综合结果。黑茶滋味是仍以黄烷醇为主要组分的一种多味的综合体。醇中有涩、苦中有甜,有浓度但无刺激性,少粗青味,无木质味,通常简描为"醇和微涩"。

①茶多酚和儿茶素的变化。在渥堆过程中,茶多酚和儿茶素总量均呈下降趋势。

黑茶初制过程,茶叶多酚类物质的含量变化呈双峰曲线走势,如表 6-13 所示。

项目六 乌龙茶、黑茶、白茶品质形成化学

表 6－14 黑茶初制过程茶多酚含量的变化

（王增盛等[6]，1991）

工序	鲜叶	杀青	揉捻	渥堆时间(小时)							干燥
				6	12	18	24	30	36	42	
含量(%)	23.89	23.12	24.32	23.52	26.69	24.63	22.63	21.89	21.29	19.49	16.48

在黑茶初制过程，儿茶素减少幅度大，制成毛茶儿茶素保留量仅是鲜叶的约30%。但各种儿茶素组分变化不尽一样，EGCG减少幅度最大，其次是L－EGC、D－C、L－C，如表6－14所示。

表 6－15 黑茶初制过程儿茶素的变化

（安徽农学院，1985）

	名称	鲜叶	杀青	揉捻	渥堆10小时	渥堆32小时	复揉	干燥
儿茶素	L－EGC	26.22	31.00	23.70	15.12	6.13	9.43	7.02
	D,L－GC	10.88	9.93	2.28	1.32	1.56	4.17	3.65
	L－EC+D,L－C	12.50	14.90	9.30	11.05	6.25	6.37	3.92
	L－EGCG	60.02	51.20	57.60	28.46	36.43	18.06	16.08
	L－ECG	32.20	19.72	18.25	15.95	9.41	7.99	7.41
	总量	141.82	126.77	111.13	71.94	58.77	46.01	38.68

渥堆过程由于茶坯温度不断上升，加快了儿茶素的自动氧化速度，同时随着温度升高，微生物分泌的胞外多酚氧化酶的催化反应也加快，两者共同作用多酚类物质的氧化持续进行。酯型儿茶素主要是在湿热作用下水解形成简单儿茶素和没食子酸，其次是微生物酶促氧化和自动氧化。而简单儿茶素主要是通过酶促氧化和自动氧化而形成以茶黄素（TF）、茶红素（TR）、茶褐素（TB）为主的氧化产物。黑茶渥堆发酵不能像红茶发酵那样可将茶黄素、茶红素含量控制在一个比较合理的水平，而是不断往生成茶褐素的方向发展。制成黑茶时，茶黄素、茶红素和茶褐素的含量分别是0.18%、2.93%、4.96%，如表6－15所示。茶红素和茶褐素的积累较多，茶黄素含量较小。总之，苦涩、浓烈型滋味成分被氧化降解而大量减少，醇和型滋味物质大量增加，使黑茶滋味趋于醇和。至此，儿茶素及其氧化物也和脱镁叶绿素、叶黄素、胡萝卜素综合协调黑茶茶汤颜色。

表 6－16 黑茶初制过程茶黄素、茶红素和茶褐素的变化

（刘仲华，1991）

工序	鲜叶	杀青	揉捻	渥堆时间(小时)							干燥
				6	12	18	24	30	36	42	
茶黄素(%)	—	0.01	0.03	0.04	0.07	0.11	0.16	0.20	0.23	0.27	0.18
茶红素(%)	—	0.02	0.31	0.64	0.92	1.58	2.37	2.84	3.20	3.64	2.93
茶褐素(%)	—	0.48	0.67	1.23	1.64	2.38	2.72	3.23	3.64	4.27	4.96

②氨基酸含量的变化。蛋白质水解成多肽、氨基酸、胺、有机酸或醛类。经过渥堆后黑茶氨基酸总量减少,茶氨酸、谷氨酸和天冬氨酸的含量也急剧下降,而人体必需氨基酸如赖氨酸、苯丙氨酸、亮氨酸、异亮氨酸、蛋氨酸、缬氨酸等明显增高,这说明黑毛茶初制中微生物通过降解茶叶中 3 种大量氨基酸——茶氨酸、谷氨酸和天门冬氨酸作为其生长和繁殖的氮源,并通过微生物的代谢活动,又合成了茶叶中含量较低的氨基酸,尤其是人体必需氨基酸:赖氨酸(Lys)干茶比鲜叶增加 8.5 倍,苯丙氨酸(Phe)增加 2.1 倍,亮氨酸(Leu)增加 5.1 倍[7]。酵母菌在代谢过程中可以合成赖氨酸,而其本身又不能利用赖氨酸。因此,氨基酸总量虽然呈下降趋势,但仍是调和黑茶滋味的重要物质,同时黑毛茶的营养价值有所提高。

③糖类物质变化。在黑茶初制过程,糖类变化很大,如表 6－16 所示。根据试验,在无菌渥堆发酵毛茶中粗纤维含量变化幅度很小,与鲜叶比较仅下降 0.57%,依据表 6－16 数据,降低了 2.53%。显然,微生物分泌的纤维素酶水解了纤维素,转化成葡萄糖、纤维二糖等并作为其碳源的原因。可溶性糖由还原糖和非还原糖构成。还原糖包括单糖葡萄糖、果糖、麦芽糖,含量从鲜叶到杀青明显增加是由于鲜叶中的淀粉酶及热化学作用的结果。渥堆过程可溶性糖被微生物作为碳源消耗,干燥时可溶性糖因热分解和糖氨反应(美拉德反应产生香气物质)再次下降。

表 6－17　黑茶初制过程糖类的变化

(陈椽,1985)

名称	鲜叶	杀青	揉捻	渥堆(1)	渥堆(2)	渥堆(3)	干燥
还原糖(%)	1.50	1.96	1.79	1.57	0.87	0.47	0.36
非还原糖(%)	1.80	2.61	2.37	2.36	2.41	1.66	0.644
可溶性糖总量(%)	3.30	4.55	4.15	3.93	3.28	2.13	1.00
粗纤维(%)	13.91	13.87	13.88	13.89	12.22	11.36	11.38

(3)香气。

黑毛茶的香气主要由萜烯类、芳环醇类、酮醛类、酚类、酸酯类及碳氢化合物、杂环化合物等组成。

传统渥堆,以芳樟醇、苯甲醇、α－苯乙醇、橙花叔醇等醇类芳香物质为主。1,2－二甲氧基－4－乙基苯等由微生物转移甲氧基形成的多种甲氧基苯类物质。α 和 β－蒎烯、α－松烯、β－萜品烯、γ－姜黄烯等微生物发酵和氧化而形成的物质。对比无菌渥堆,毛茶香气组分中酮醛类较高,说明微生物对黑茶香气特征产生重要的影响。

黑毛茶的香气来源:

①茶叶本身芳香物质的转化、异构、降解、聚合形成的基本茶香。

②来自微生物及其分泌胞外酶,在渥堆中对各种底物作用所产生的一些风味香气。

③烘焙中形成和吸附的一些特殊香气。

2.黑茶品质形成的机理

(1)微生物的作用。

虽然鲜叶上黏附有各种微生物如酵母、霉菌、细菌等,但经高温杀青后,微生物几乎全部被杀死,在以后的揉捻、渥堆中又重新沾染微生物并随渥堆过程而大量繁殖。细菌从渥堆开始至30h前后,其数量呈迅速增加趋势,并达到高峰,渥堆后期则呈现下降趋势。真菌则有所不同,其数量随渥堆时间的延长一直呈增加状态,只是到渥堆末期才略有下降。渥堆后期,由于微生物代谢产物的积累,堆内酸度的增加及温度的升高,使内部环境逐渐偏离了已有微生物类群生长的最佳条件,故各菌类的数量均相继下降。

据对渥堆叶的微生物类物的分离、鉴定结果表明,渥堆叶中占优势的是真菌中的假丝酵母菌属中的种群。在渥堆中所嗅到的甜酒香味,就是酵母菌作用的结果。在渥堆后期,霉菌的数量有所上升,其优势种类是黑曲霉,此外,还有少数的青霉及芽枝霉等。黑曲霉中的许多种类均能产生分泌纤维素水解酶、蛋白质酶等酶类。有的还能产生柠檬酸、草酸等有机酸,使渥堆内叶pH下降,形成酸辣味。这些微生物及其分泌的酶系统对茶叶中的有机物质进行分解、水解、氧化与转化,而这些变化对黑茶特征品质风味的形成具有十分重要的作用。除真菌外,大量细菌也自始至终参与渥堆过程,细菌中以无芽孢细菌占优势,其次为少数芽孢细菌和球菌。细菌类同样具有分解、转化茶叶化学成分的能力,同时,大量细菌所释放的呼吸热,对黑茶渥堆中温度的变化具有重要的意义。

渥堆过程由于微生物的大量繁殖,微生物呼吸代谢中放出大量热量,故渥堆叶温随着渥堆时间的延长而逐渐上升,温度与微生物总量间的关联度达到0.9563[8]。无菌渥堆中,由于微生物基数极低,繁殖量少,放热甚微,因而堆温几乎不变。因此,黑茶渥堆中,湿热作用条件的产生,其"热"主要来源于微生物新陈代谢中的呼吸放热。叶温的升高,一方面使渥堆的湿热作用加强,另一方面加快了渥堆叶的化学反应速率。

(2)酶的作用。

鲜叶中有6种多酚氧化同工酶在杀青时全部失活,渥堆过程先后形成了4种多酚氧化同工酶。说明渥堆过程的微生物能够分泌胞外多酚氧化同工酶。

鲜叶中有9种过氧化物同工酶,杀青后过氧化物酶残留4种同工酶[9],没有全部失活,说明过氧化物酶的热稳定性较多酚氧化酶高强。进入渥堆工序后它们的活性逐渐减弱,渥堆18小时仅存微量,24小时后基本消失。对照无菌渥堆,过氧化物同工酶的变化趋势与传统渥堆基本一致,充分说明渥堆过程微生物不能分泌胞外过氧化物酶。

黑茶初制过程中纤维酶、果胶酶对黑茶独特品质发挥了非常重要的作用,其他茶类加工过程并没有这两种酶的参与。鲜叶中存在较低活性的纤维素酶和果胶酶,杀青后急剧钝化失活。

纤维素酶渥堆开始即呈明显递增趋势,渥堆到24小时活性几乎增强50%,达到第一个峰值,随着其活性稍有下降,但随即再度呈增强势头,至渥堆结束时,纤维酶活性是开始渥堆的近3倍,是鲜叶的10倍,如表6—17所示。

表6—18 黑茶初制中纤维素酶和果胶酶活性的变化

(刘仲华等,1991)

渥堆方式	酶名称	鲜叶	杀青	揉捻	渥堆(小时)							黑毛茶
					6	12	18	24	30	36	40	
传统	纤维素酶	5.32	0.14	0.13	17.48	19.01	27.71	37.34	32.07	38.23	46.31	—
	果胶酶	4.01	0.03	0.23	3.16	3.91	4.52	5.54	5.11	6.64	10.21	—
无菌	纤维素酶	5.32	0.14	0.13	5.74	5.96	6.32	6.38	6.66	7.45	8.50	—
	果胶酶	4.01	0.03	0.23	0.91	1.42	1.90	1.93	1.98	2.28	2.44	—

果胶酶活性的变化与纤维素基本一致,渥堆期间始终呈直线上升趋势。渥堆结束时活性较渥堆前期增加3倍,较鲜叶增加2倍多。

无菌渥堆处理,在整个渥堆过程中纤维素酶与果胶酶活性的变化幅度甚少,活性水平很低,只是到渥堆完毕时略有增强,这是由于在渥堆期间,系统难以做到绝对无菌而导致微生物的少量繁殖所致。

鲜叶中内源酸性蛋白酶活性较低,经高温杀青后得以充分钝化。与其他酶活性变化稍有不同的是,渥堆期间,尤其是24小时以前,该酶活性增加幅度不大,而在渥堆后期的18小时中,活性才有一定的增强,如图6—2所示在无菌渥堆处理中,该酶一直处于极低活性水平,且几乎没有变化。由此可见,在黑茶渥堆后期,微生物代谢活动可以分泌少量的酸性蛋白酶参与蛋白质的降解,但从活性水平看,酶促作用强度不及纤维素酶与果胶酶。

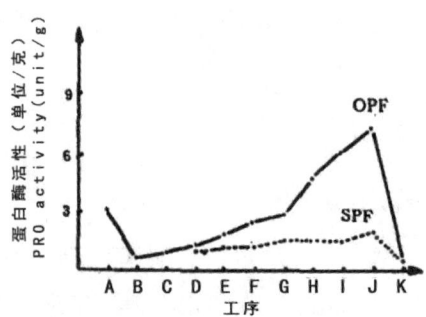

图6—2 黑茶初制中酸性蛋白酶活性的变化(刘仲华等,1991)

A.鲜叶,B.杀青叶,C.揉捻叶,D.6h渥堆叶,E.12h渥堆叶,F.18h渥堆叶,G.24h渥堆叶,
H.30h渥堆叶,I.36h渥堆叶,J.42h渥堆叶,K.黑毛茶

OPF:传统发酵　　SPF:无菌发酵

(3)渥堆的实质。

黑茶初制中渥堆是关键工序,渥堆过程中通过微生物的作用(包括自身的增殖与更替),提供了物质转化的动力——分泌的胞外酶和释放的生物热及物质转化的条件——水分和酸性

介质，促使茶叶中内含物质发生复杂的变化，并形成一些新的转化或代谢产物，构成了黑茶特有的品质风味。

(二)茯砖茶品质形成化学

茯砖茶是采用黑毛茶为原料再加工的紧压黑茶的一种，历史上是边区人民日常生活中几乎不可少的饮料。它以黑毛茶或老绿茶为原料，经汽蒸、沤堆、压制、发花、干燥等工序加工而成。

发花是茯砖茶加工的独特工序，也是茯砖茶品质形成的关键工序。发花的实质是通过控制一定的温度、湿度条件，促使砖内微生物优势菌的生长繁殖，这些优势菌会产生黄色闭囊壳——冠突散囊菌(俗称"金花")，消费者根据"金花"的质量和数量来判断茯砖茶品质的优劣。

茯砖茶品质特征：外形色泽黄褐或黑褐，砖内普遍含有金黄色的冠突散囊菌闭囊壳(金花)；内质要求汤色橙黄或橙红明亮，香气纯正并有菌花香，滋味醇和或纯和，无涩味；叶底黄褐，无青叶、红叶。

1.茯砖茶发花与冠突散囊菌

(1)发花过程微生物生长。

茯砖茶原料经汽蒸后，细菌已全部被杀死，真菌90%以上也被杀死，接着又经2h的高温(80℃～88℃)沤堆，进一步杀死了残存的微生物，因此压制后的茯砖坯已几乎不存在微生物。压制成砖后立即包装并进入烘房发花，通常在发花的第3天，茯砖茶中只有极少数黑曲霉及其他霉菌和细菌存在，当发花到第6天时，茯砖茶中开始有冠突散囊菌的生长；发花6～9天，冠突散囊菌的数量呈几何级数增加，其他霉菌则由于优势菌的大量繁殖而被抑制；发花到12天时，冠突散囊菌的数量趋于稳定或继续呈较大幅度的增加。在茯砖茶发花过程中，优势菌——冠突散囊菌的对数生长期，一般为发花的第6天至第9天，但有时也会延续至发花的第12天。由于对数生长期内冠突散囊菌生长繁殖十分旺盛，因而此期间所繁殖的冠突散囊菌数目的多少直接决定了成品茶中"金花"的数量和质量。

(2)酶的作用。

黄建安等[10]的研究证实，茯砖茶发花过程中确实存在多种微生物酶，如多酚氧化酶、纤维素酶和果胶酶等。

发花过程中伴随着微生物的滋生又重新出现了新的多酚氧化酶。在发花的第6天电泳图谱上开始产生一条迁移率较小的高分子酶带(PPO_1)，但活性尚弱，到发花第9天时，又出现一条比迁移率大的酶带(PPO_2)，不过其活性较低，而 PPO_1 酶带的活性剧增；发花12天后两条酶带活性都不同程度地下降，尤以 PPO_1 降低显著。传统工艺在发花12天后进行干燥，出烘样中的酶带活性继续降低或仍保持一定水平。

原料中由于存在各种各样的可以分泌纤维素酶的细菌和真菌，使原料中呈现一定的纤维素酶活性。经汽蒸后，部分酶失去了活性。在经渥堆到压制成型的过程中，纤维素酶活性又明显回升，达到甚至超过原料中的酶活性水平。发花开始后至第9天时，酶活性不断增加，且在6～9天时出现了较大的跃升，并在第9天达最大值。随着发花时间的延长，至12天时酶活性开始下降，但在出烘的成品样中酶活性仍维持较高水平，甚至比发花第12天时还要高，如表6-18所示。

表6-19 茯砖茶制造中纤维素酶、果胶酶的活性变化

（黄建安，1991）

工序	原料	汽蒸	压制	发花				成品
				3天	6天	9天	12天	
纤维素酶活性	11.56	7.17	12.91	18.08	19.76	31.43	27.55	28.91
果胶酶活性	3.77	2.17	3.42	2.47	2.76	3.52	3.93	3.35

茯砖茶压制过程中也存在果胶酶。试验表明，黑毛茶原料样品中有相对较高活性的果胶酶在汽蒸后部分酶失活，经渥堆、压制成型后其果胶酶活性出现回升。发花3天时酶活性低于刚压制后的，但随着发花进程的延续，酶活性又呈现上升趋势，发花6～9天增加幅度相对较大。与多酚氧化酶和纤维素酶不同，它的活性最大值是在发花第12天，出烘的成品样中果胶酶活性又有所下降。分析表6-18不难发现，在整个压制过程中，特别是在关键工序发花中，果胶酶活性并没有出现像多酚氧化酶和纤维素酶那样明显的起伏变化，而是在整个过程中的酶活性都处于低水平状态，发花中的活性最大值也仅与原料中的活性水平基本相当。

多酚氧化酶、纤维酶和果胶酶将分别作用于茯砖茶制造中多酚类物质的氧化、纤维素和果胶物质的分解，对茯砖茶品质的形成将产生不可忽视的作用，也为进一步探讨茯砖茶品质形成的机理提供了酶动力方面的证据。显然，在茯砖茶制造所依赖的微生物酶源中还远不止这3种酶，而要真正弄清茯砖茶品质形成的实质，探讨其制造过程中的微生物所分泌的酶是关键。就多酚氧化酶同工酶总活性强弱而言，其顺序是：鲜叶＞茯砖茶发花＞黑茶渥堆。通常鲜叶中最多可出现6条酶带，黑茶渥堆时最多有4条酶带，茯砖发花中最多只有2条酶带。鲜叶、渥堆及发花中的酶带迁移率完全不同。这充分说明微生物分泌的多酚氧化酶与茶树自身的多酚氧化酶迥然不同。渥堆与发花中的多酚氧化酶都是微生物酶，它们的不同只可能归结于是两个过程中分泌该酶的优势菌种的不同。从这些事实似乎可以推论，红茶发酵、黑茶渥堆、茯砖茶发花3种过程中多酚类物质酶性氧化的生化机制存在差异，并且它们的多酚类物质酶促氧化占其全部氧化量的比重也会有所不同。

2.茯砖茶色泽的形成

茯砖茶制造黑毛茶中原有的叶绿素降解产物及类胡萝卜素组分，在冠突散囊菌的作用下，叶黄素从黑毛茶的4.83mg/100g提高到成品的5.64mg/100g，β-胡萝卜素从12.46mg/100g提高到12.60mg/100g，并合成了与叶黄素和β-胡萝卜素性质相似的黄色色素及与叶绿素降解产物色泽相似的两种未知色素。儿茶素在微生物胞外多酚氧化酶（PPO）的催化下进

一步氧化聚合,使茶黄素(TF)从黑毛茶的0.10%提高到成品的0.28%、茶红素(TR)从2.01%提高到3.15%、茶褐素(TB)从4.35%提高到5.64%。在脂溶性和水溶性两类色素的协同作用下,形成了茯砖茶褐黑或黄褐的外形色泽,橙黄或橙红的汤色[11]。

3.茯砖茶滋味的形成

王增盛等的研究表明[12],茯砖茶制造中茶多酚的相对含量降低了46.6%,儿茶素组分中EGCG、ECG下降幅度最大,这对进一步改善茶汤滋味,使之醇(或纯)而不涩具有积极的作用。同时,在微生物胞外多酚氧化酶作用下,儿茶素氧化产物的进一步形成与积累增加,不仅对色泽品质具有极为重要的意义,而且在形成茯砖茶品质风味中起着不可替代的作用。茶黄素(TF)的鲜爽、刺激性口感,茶红素(TR)的甜醇滋味及其与咖啡碱形成的络合物,使得茯砖成品茶滋味在黑毛茶的基础上进一步协调而独具一格。

用以制作黑毛茶的原料比较老,粗纤维含量较高,在制作黑毛茶的过程中由于微生物胞外酶——纤维素酶的作用使纤维素含量有所降低。在茯砖茶的制作过程中,同样在微生物分泌的纤维素酶的作用下,粗纤维含量也有所降低。王增盛等[12]的研究表明,茯砖茶制造中黑毛茶粗纤维含量24.98%制成品降至20.74%,这些减少的纤维素到哪里了?发花过程中,不溶于水的纤维素在微生物胞外酶的作用下,分解成可溶于水的多糖、双糖或单糖即分解成可溶性糖,对增进茯砖茶滋味的甘厚纯和口感具有十分重要的作用。此外,由于发花中微生物的大量繁殖,其体内代谢产物在细胞自溶后,又回到茶叶体系中,这对茶汤滋味的调和也是有益的。

咖啡碱、可可碱、茶叶碱属杂环含氮化合物,环状结构比较稳定,难以破坏,其变化主要表现在甲基转移上,而造成各成分之间的相互转化。微生物对于这类杂环含氮化合物的利用能力可能不强,因此,茯砖茶加工过程中,含量较高的咖啡碱的变化幅度很小,而含量较低的可可碱和茶叶碱变化幅度较大,分别提高了2.8倍和2.4倍,但三个嘌呤碱的总量变化甚小。

4.茯砖茶香气的形成

(1)发花中香气组分的变化及菌花香的形成。

颜鸿飞[13]利用气相色谱－飞行时间－质谱法分析方法,鉴定出湖南茯砖茶香气成分共93种,以酮类、醛类、碳氢类、杂氧类、醇类、酸类、酯类和含氮类化合物为主。其中含量较高的香气成分有反,反－2,4－庚二烯醛、甲基庚烯酮、2－戊基呋喃、香叶基丙酮、3,5－辛二烯－2－酮(E,E)、6－甲基－3,5－庚二烯－2－酮等。这些香气成分的形成与转化是在微生物胞外酶、热、氧气(O_2)及水共同作用下完成的。

(2)茯砖茶的特征香气成分。

茯砖茶具有一种独特的菌花香。经气相色谱分析,在茯砖茶原料中检出了60种香气成分,发花以后检出了66种,在干燥后的成品茶中检出了63种,其中有46种成分含量增加,其中以糠醛＋(反,顺)－2,4－庚二烯醛、(反,反)－2,4－庚二烯醛、香叶醇、β－紫罗酮＋

庚酸增加幅度最大,有10种成分含量减少,但降低的幅度都不大。在构成茯砖茶特征风味的香气成分中,除原料存在于黑毛茶原料中的特征香气成分以外,新增加了一些香气化合物如辛醛、苯甲醛、柠檬醛、吲哚等。有些原有的香气成分在发花之前含量不高,经发花后含量增加,直至干燥后仍保持较高水平。

王华夫等[14]研究发现,杂环化合物如2,5-二甲基吡嗪、2,6-二甲基吡嗪以及1-乙基甲酰吡咯等的含量亦随着发花进程而有所增加。一般认为这类化合物是糖类和氨基酸的加热降解产物(美拉德反应),表现出一定焦糖香气的"火功香"。

5. 茯砖茶品质形成的实质

茯砖茶以黑毛茶或老绿茶为原料,经汽蒸、渥堆、压制、发花、干燥等工序加工而成。茯砖茶的品质形成实际贯穿全部工序,但其关键工序为发花。汽蒸工艺是0.4~0.7MPa,150℃~170℃对茶坯作用时间8~10秒,在75℃~80℃下2~3米堆高渥堆3~4小时,发花工艺是在28℃相对湿度75%~80%的条件下持续12天。原料中的微生物在汽蒸、沤堆工序中基本上被杀死,但在压制工序茶坯微生物开始繁殖,随着发花进程进行逐渐形成以冠突散囊菌为优势菌。微生物分泌胞外酶多酚氧化酶、过氧化物酶、蛋白质酶、纤维素酶、果胶酶及水热等对茶叶内含各种物质发生生化反应下,多酚类物质、儿茶素含量则下降,特别是酯型儿茶素下降明显,茶黄素、茶红素和茶褐素含量有一定的增加,这三个物质既是滋味成分又是汤色和色泽成分。在茯砖茶加工中由于冠突散囊菌的作用,黄色的叶黄素和橙黄的β-胡萝卜素含量有所增加,并合成了与叶黄素和β-胡萝卜素性质相似的黄色色素及与叶绿素降解产物色泽相似的两种未知色素,使成品色泽偏黄褐,亦使汤色呈橙黄或橙红。

胞外蛋白质酶使茶叶中蛋白质水解成游离氨基酸,但氨基酸又会成为微生物的氮源被部分消耗,再加上干燥时美拉德反应(糖氨反应)氨基酸参与香气的生成,所以茯砖茶制造中氨基酸含量减少。三种嘌呤碱总量不变,但茶叶碱和可可碱有一点增加,咖啡碱有所减少。

茯砖茶的粗纤维素含量较原料黑毛茶有明显的减少,是由于胞外纤维素酶活性从压制工序开始直线上升,果胶酶也表现出一定的活性,使茶叶的纤维素有了明显降解,产生了较多的可溶性糖,成为成品滋味醇和的原因之一。

茯砖茶发花与干燥过程中,在微生物分泌的胞外酶系统及干热、湿热环境的作用下,醛酮类、萜烯类、芳环类、脂肪类、酯类、烃类、杂环化合物等芳香物质明显增加,酚类物质减少。因而,在黑毛茶原有香型的基础上,再增添陈香和火功香成分,协调成为茯砖茶特有的"菌花香"。

(三)普洱茶品质形成化学

普洱茶是以晒青绿毛茶为原料加工而成的茶类,原产于云南省西双版纳、思茅、楚雄、红河、大理一带。自20世纪50年代随着东南亚各国和我国港、澳地区对普洱茶需求量的日益增加,广东、广西、四川等省、自治区加工出口普洱茶。

至 2008 年普洱茶概念已发生变化，是以地理标志保护范围内的云南大叶种 [*Camelliasinensis* (*Linn.*) *var.assamica* (*Masters*) *Kitamura*] 的晒青毛茶为原料，并在地理标志保护范围内采用特定的加工工艺（渥堆或称微生物固态发酵）制成[15]，分为普洱生茶和普洱熟茶两大类。即普洱茶是采用云南大叶种制成的晒青绿茶，再经潮水、渥堆和陈化及干燥工序加工而成，其中渥堆工艺对其品质形成起着重要作用。其熟茶独特品质特征为：外形色泽红褐，内质汤色红浓明亮，香气独特陈香，滋味醇厚回甘，叶底红褐。

1.普洱茶加工工艺

（1）原料采购。

普洱茶是以云南大叶种晒青毛茶为原料，在特定的环境条件下，经微生物、酶和湿热等综合氧化作用，其内含物质发生一系列转化，而形成普洱茶（熟茶）独有品质特征的过程。因此，晒青毛茶的好坏，直接影响着普洱茶的品质。

（2）毛茶付制。

毛茶入厂以后，按级归堆、付制，要求老嫩基本一致，在进入下一道工序以前，要进行分筛，这样能起到"捞头""割脚"的作用，有利于增进发酵的匀度。

（3）发酵。

一般是先晒干毛茶（含水量在 9%～12%）潮水，然后堆成一定厚度，让其自然发酵。茶叶潮水时的洒水量是晒青毛茶重量的 15%～20%，茶潮水后堆高 1.0～1.5 米，每堆不低于 1 吨。潮水堆成堆后，盖上湿麻布袋，这样可以起到增湿保温的作用。经过 1～2 天茶堆便可自动升温，温度应控制在 45℃～60℃，每 5～8 天为 1 个升温降温周期，这时应翻堆 1 次，总的翻堆次数为 5～8 次。经过若干天堆积后发酵以后，茶叶色泽变褐，有特殊陈香味，滋味变成浓而醇和。

（4）翻堆。

如果第一天加水不足，第二天翻堆时须补水，然后再拌匀成堆。一般来说，完成发酵需翻堆 5～8 次。当然，可根据毛茶的嫩度、发酵场堆温、湿度及发酵程度灵活掌握翻堆的次数。翻堆时要求茶叶无团块，而且得掌握好温度。温度低于 40℃，难以达到理想的发酵效果，而高于 65℃，则会出现烧心茶叶，造成叶底不展开，味淡，汤色暗。因此，掌握好温度、湿度是生产普洱茶的关键。经过几次翻堆后，当茶叶显现褐红色，茶汤滑口，无强烈苦涩味酸味，汤色红浓时，即可开沟进行摊凉。

（5）干燥。

发酵和翻堆工序结束后，为避免发酵过度，必须进行干燥，普洱茶干燥宜用室内发酵堆开沟进行通风干燥，当茶叶水分含量为 14%～20% 时，每隔 3～5 天开一次沟，初期按顺序开沟，顺序开沟结束以后，按反方向进行交叉开沟，如此循环往复至茶叶含水量低于 14%，即可起堆进行分筛。普洱茶的干燥切忌烘干、炒干和晒干，否则将会影响到普洱茶的品质。

(6)分筛。

分筛可以使茶叶达到外形条索粗壮肥大、完整的要求,并依次确定茶叶的号头。一般圆筛、抖筛以及风选联机使用筛孔的配置,按茶叶的老嫩而定,即我们常说的"看茶做茶"。根据筛网的配置,把普洱茶分筛为正茶、头茶和脚茶,正茶送拣剔场待拣,头茶经潮水回潮后解散团块,脚茶经再分筛处理后制成碎茶和末茶。各级别对样评定,进行分别堆码。

(7)拣剔。

拣剔净茶果、茶梗和其他夹杂物,验收合格后,分别堆码等待拼配。

(8)拼配。

根据茶叶各花色等级的质量要求,将不同级别、不同筛号、品质相近的茶叶按比例进行拼配,使不同筛号的茶叶相互取长补短、调剂品质、提高质量,保证产品合格及全年产品质量的相对稳定。

2.普洱茶品质形成的机理

(1)微生物与酶作用。

①微生物的繁殖。普洱茶生产中,在渥堆工序茶堆内有大量的微生物存在。西南大学刘勤晋(2005)对大生产普洱茶过程进行研究,表明普洱茶渥堆过程中黑曲霉($Asp.niger$)生长最旺盛,其次是青霉、根霉、酵母;低温嗜干的灰绿曲霉在渥堆后期,当茶堆温度下降、水分急剧减少时才生长和繁殖。根据中山大学何国藩(1988)对广东普洱茶渥堆过程中生物群落的分析,渥堆早期霉菌最先发展,其中以黑曲霉和毛霉为主。酵母菌在渥堆开始几天数量甚少,未发现有致病细菌。放线菌早期不显著,后期有所发展。这是各种微生物之间拮抗作用的结果。由于霉菌能利用各种多糖用为碳源,进行糖代谢,产生大量的双糖和单糖,当酵母获得足够的营养后迅速繁衍,酵母菌和霉菌的大量繁衍,抑制了细菌的生长。云南农业大学周红杰针对普洱茶加工过程中微生物及酶系变化的研究中发现,黑曲霉、青霉、根霉、灰绿曲霉、酵母、土生曲霉、白曲霉、细菌等微生物存在于普洱茶的整个加工过程中,其中黑曲霉最多。在大生产中主要微生物的数量关系为黑曲霉>酵母>米曲霉>根霉>灰绿曲霉。加工过程大约进行4次翻堆,每次翻堆后微生物的种群和数量都有所变化。

②微生物对渥堆发酵环境的影响。根据西南农业大学的研究,四川普洱茶在堆积发酵过程中,茶堆内水分与pH等环境因子将随渥堆进程而变化,正是这种变化给微生物活动创造了良好的条件,由于微生物的大量繁殖及其旺盛的代谢活动(多属嗜热性的曲霉菌、酵母及杆状细菌等),释放出大量的热并伴有大量有机酸产生,使茶堆中的温度上升同时微生物分泌各种胞外酶,为茶叶化学成分的转变提供酶作用动力。因此,发酵期间的温度、水分控制很重要。温度低,一些化学成分氧化降解所需的条件无法达到,导致发酵不足;温度高,会导致炭化烧堆。必须视温度变化及时翻堆调节温度,茶堆的温度应控制在45℃~60℃。茶叶含水量应掌握在30%~40%,在水分小于15%时水分不足,发酵不完全,一些生物化学变化受影响,生产出的普洱茶色泽泛绿,滋味苦涩,汤色橙黄,香气青涩,缺少优质普洱茶色泽褐红、

滋味醇厚、汤色红浓、陈香显著的风味特征;而大于45%时,水分含量过高,会出现发酵叶腐烂现象,严重影响普洱茶的汤色与口感,发酵失败。

③微生物的作用。渥堆发酵是云南普洱茶品质形成的最重要条件,渥堆过程有益微生物生长繁殖,促成普洱茶的品质风格。实验证明,加入山梨酸钾(食品防腐剂)灭菌处理后的茶叶在发酵过程中没有微生物的滋生。普洱茶加工渥堆工序中以云南大叶种晒青毛茶原料的内含物质成分为基础,各种有益微生物繁殖代谢产生的酶、热及湿热作用使其内含物质发生氧化、水解、聚合、缩合、分解等一系列反应,从而形成普洱茶特有的品质特征。

(2)酶的作用。

黑曲霉、青霉、根霉、灰绿曲霉、酵母、土生曲霉、白曲霉菌等微生物存在于普洱茶的整个加工过程中。一方面微生物能分泌胞外酶,通过酶促作用和呼吸代谢产生的热量有利于晒青毛茶发生物质转化;另一方面,有益微生物能通过自身的代谢产生一些产物如氨基酸、可溶性糖、维生素等有利于人体健康。

微生物分泌的胞外酶有氧化酶如多酚氧化酶、抗坏血酸氧化酶、过氧化物酶、过氧化氢酶、葡萄糖氧化酶等,以及水解酶如淀粉酶、蛋白质酶、纤维素酶和果胶酶等。纤维素酶、果胶酶可水解茶叶细胞壁,使细胞内含物大量释放,有利于茶叶内含物的化学转化。如多糖、脂肪、蛋白质、纤维素、半纤维素、原果胶等被水解,得到单糖、双糖、三糖、氨基酸、可溶性胶果和其他水溶性物质,是增强普洱茶汤甘、滑、醇、厚品质的物质基础。茶叶中多酚类物质在多酚氧化酶催化下,发生氧化聚合、降解等反应而含量降低,主要转化成茶黄素、茶红素和茶褐素等,从降低茶汤的苦涩滋味。

总之,普洱茶渥堆发酵过程大量微生物的各种新陈代谢产物,产生多种酶类,使茶叶细胞互相分离,细胞壁溶解,胞内物质产生一系列与其他茶类不同的氧化还原反应,形成各种特有的生化产物,这是普洱茶具有特殊色、香、味的最基本原因。

3.普洱茶渥堆中主要化学成分的变化

(1)多酚类物质含量的变化。

云南晒青茶的茶多酚含量一般在25%～36%,儿茶素18%～26%。渥堆发酵过程中虽然多酚类物质不能优先被微生物利用,但茶叶细胞壁在微生物的作用下被破坏,茶多酚暴露于空气中,在微生物分泌胞外酶和湿热作用下按照氧化聚合途径发生剧烈变化,茶多酚、酯型儿茶素和茶红素(TR)因逐渐氧化大量减少,氧化生成的茶褐素(TB)含量大幅增加,随着渥堆发酵的持续,茶汤的滋味由苦涩逐渐转变为醇和。普洱茶在渥堆过程中茶多酚含量逐渐减少至10%～15%、儿茶素含量降至3%～6%,产生了少量茶黄素(TF,含量0.19±0.066%)、茶红素(TR,2.37±1.12%)和大量组成与结构都非常复杂的茶褐素(TB,9.37±2.55%)[16]以及酯型儿茶素水解产物之一没食子酸,这些是普洱茶汤醇和与回甘的物质基础。

(2)氨基酸含量的变化。

普洱茶渥堆中游离氨基酸部分大量减少,至渥堆完成时,约有60%的减少。对于游离氨基酸各组分含量分析表明,在渥堆完成时,蛋氨酸、脯氨酸有较大量的增加,甘氨酸、半胱氨酸略有减少,其余氨基酸的含量都减少了70%以上。氨基酸含量减少是由于湿热作用和微生物作用的综合结果,堆表由于滋生大量的微生物,因而使更多的氨基酸被作为氮源营养而利用,故普洱茶渥堆发酵过程中氨基酸呈减少趋势。

(3)咖啡碱的变化。

普洱茶中的咖啡碱含量随着渥堆进程延长总量趋势是增加的,将积祝子等(1980)对日本黑茶的研究表明,咖啡碱含量渥堆7天时略有提高,渥堆7~14天趋于稳定,渥堆25天则大幅度提高(较鲜叶提高了68%),明显高于其加工原料中的含量。普洱茶中咖啡碱增加了,但感官审评茶汤并不苦涩,浓醇度反而提高,甜醇味增加。这可能是因为在普洱熟茶汤中呈苦味的茶叶生物碱与茶色素通过氢键形成缔合物,体现出茶汤中各种物质调和的结果。

(4)香气物质含量的变化。

普洱茶在渥堆发酵中形成了大量有别于其他茶类的芳香物质。西南农业大学刘勤晋(2005)报道,云南普洱茶密切相关的具有陈香特征香气的成分主要为氧化芳樟醇(Ⅰ)、氧化芳樟醇(Ⅱ)、氧化芳樟醇(Ⅲ)、芳樟醇、1,2-二甲氧基-4-乙基苯、1,2-二甲氧基-4-甲基苯、1-乙基-2-甲酰基吡咯、α-萜品醇、苯甲醛、反-2-反-4-庚烯醛、n-壬醛、n-癸醛以及未知成分等,是形成茶叶陈香及甜醇滋味的重要成分。

日本的川上美智子(1987)等认为渥堆发酵茶中成分的改变,主要是微生物发酵和氧化的结果,新形成有典型霉味和陈香物质,如1,2-二甲氧基-4-乙基苯,是通过霉菌的作用发生甲基化反应形成的。发酵过程中在湿热条件下,有益微生物利用晒青毛茶丰富的内含物质进行生长繁殖,产生一系列影响普洱茶品质的复杂的中间代谢产物。不同菌种接种晒青毛茶进行渥堆发酵制成的普洱茶,其香气成分有所不同。在接种木霉、根霉、黑曲霉、酵母到渥堆发酵而成的普洱茶中,香气成分主要有:杏仁气味的苯甲醛;青香、醛香、鸡肉香气的(反,反)-2,4-庚二烯醛;浓郁的玉簪花香所的苯乙醛;强烈的花-木香气的顺式氧化芳樟醇、氧化芳樟醇(Ⅰ)、氧化芳樟醇(Ⅱ);有典型陈香的1,2-二甲氧基苯、1,2,3-三甲氧基苯、3,4,5-三甲氧基甲苯、1,2,3,4-四甲氧基甲苯。根霉、酵母接种晒青毛茶渥堆发酵作用下产生茉莉花、西芹籽香气的茉莉酮,紫罗兰花香、暖和木香的α-紫罗兰酮、β-紫罗兰酮等芳香物质。

(5)糖类含量的变化。

茶叶中含有10%~20%的糖类化合物,主要有单糖、双糖及多糖类物质。多糖类物质主要有淀粉、纤维素、半纤维素和果胶等,这些物质基本上不溶于水,如果加工成绿茶则难于被溶出。普洱茶渥堆发酵过程中糖类物质是微生物生存所必需的能源和碳源物质。微生物能够将自身合成的用于分解多糖的酶如淀粉酶、纤维素酶和果胶酶分泌到胞外,将淀粉、纤维素、半纤维素和果胶等水解成单糖或双糖、寡糖、茶多糖,一部分被微生物吸收、分解和利用,另一部分会残留在茶叶中。实验证明,当总糖量大于10%、茶多糖大于3%、寡糖大于4%时的普洱茶品质较佳、风味较好[16]。

4.普洱茶品质形成的实质

普洱茶在渥堆发酵过程中，微生物产生的胞外氧化酶如多酚氧化酶、抗坏血酸氧化酶、过氧化物酶、过氧化氢酶、葡萄糖氧化酶等，以及水解酶如淀粉酶、蛋白质酶、纤维素酶和果胶酶等发挥了重要作用，促进了重要成分的转化。其中，普洱熟茶中茶多酚、儿茶素含量比晒青茶低，特别是酯型儿茶素转化非酯型儿茶素，使其茶汤的苦涩程度大幅降低。这是由于在后发酵过程中儿茶素经一系列氧化、缩合、降解的化学过程，形成了茶黄素（TF）、茶红素（TR）、茶褐素（TB）等一系列化合物。没食子酸、咖啡碱的含量升高，二者含量的变化不仅与微生物的生长和繁殖有关，也受茶叶化学组成影响，如没食子酸含量的增加一方面可能来源于其在高温高湿条件下由儿茶素没食子酸酯转化而成，另一方面可能由于微生物的参与单宁类成分被水解而得来。胞外纤维素酶和果胶酶的作用下使普洱茶中有较高的可溶性糖（茶多糖）和水溶性果胶，从而使滋味由晒青毛茶原料的浓烈变为普洱茶的醇厚。总黄酮苷的含量也明显降低，而类黄酮含量增加明显。研究发现，利用杆菌状链霉菌（*Streptomyces bacillaris*）或变灰链霉菌（*Streptomyces cinereus*）短时间发酵茶叶能够增加他汀类的含量，这是在晒青茶中很难检测到的物质。上述主要化学成分的变化促成了从晒青茶浓重的苦味到普洱熟茶陈香醇厚口感的转变。由于长时间渥堆，在微生物胞外酶、湿热作用，新形成了许多有典型霉味和陈香的物质，如1，2－二甲氧基－4－甲基苯等，也正是由于这些特殊成分的形成，普洱茶的香气由原料的清鲜变为陈醇。

三、白茶品质形成化学

白茶原产于福建省福鼎、政和、建阳、松溪等县（市），是我国六大茶类之一，也是福建省的特种外销茶类。

白茶属前轻发酵茶类，其基本加工过程是采青、萎凋、干燥。

由于白茶原料选用、制法特异，成茶满披白毫，茎叶连梗，形态自然素雅，色泽银白灰绿，汤色清淡、味甘醇，故称白茶。

白茶花色品种依据茶树品种和采摘标准进行区分：

1.依茶树品种不同白茶分为大白、水仙白、小白

以大白茶品种制成的称"大白"。

以水仙品种制成的称"水仙白"。

以菜茶群体品种制成的称"小白"。

2.依鲜叶嫩度不同制成的成茶花色有白毫银针、白牡丹、贡眉和寿眉

纯用大白茶或水仙品种的肥芽制成的称"白毫银针"。

以大白茶品种的一芽二叶初展嫩梢制成的称"白牡丹"。

以菜茶嫩梢一芽二三叶制成的称"贡眉",制银针"抽针"时剥下的单片叶制成的称"寿眉"。

白茶加工工艺简单,传统白茶初制分萎凋与干燥两道工序;且工序间无明显界限。白茶初加工的突出特点是需历经长时间的萎凋工序,在此期间伴随着萎凋叶的失水而发生一系列复杂的理化变化,从而逐步形成白茶特有的品质风格。

(一)白茶品质形成的机理

1. 白茶加工中水分的变化

白茶萎凋一方面是物理过程,以失水为主,水分通过鲜叶叶背的气孔和表皮角质层散失,导致叶细胞失去膨胀状态,叶质变柔软,叶面积缩小。萎凋的失水过程主要为3个阶段,首先是萎凋叶中的游离水蒸发,其次是叶中的"自体分解水"和"分散水"散发,最后才是"化合水"和"结合水"散失。白茶萎凋过程中,叶尖、叶缘、嫩梗与叶肉细胞失水速率不同,前者的速度较快,带有气孔的叶背失水速度较叶面快,因而引起叶面、叶背张力不平衡。当芽叶含水率为20%~25%时,就会发生"翘尾"现象,即叶缘背卷、叶尖与梗端翘起,使叶片呈船底状。白茶萎凋前期的失水速度较快,萎凋后期的失水速度减慢,这在自然萎凋中比较明显。生产实践表明,若萎凋失水速度太快,历时太短,化学变化不足,则成茶色泽枯黄或燥绿,香青味涩;若萎凋失水速度太慢,全程总历时太长,则内含物转化过度,成茶色泽暗黑,香味不良。审评结果表明,萎凋叶出现比较明显的白茶品质特征时,自然萎凋叶的含水率为22.2%。

另一方面,鲜叶逐渐失水,细胞组织内部 pH 下降,并伴随发生一系列复杂的生物化学变化,从而逐步形成白茶独特的感官和化学品质特征。

2. 白茶加工中主要氧化酶活性的变化

萎凋是逐渐散失水分的过程,因失水使叶细胞汁相对浓度提高,酶和底物的相对浓度增加,酶促反应加速。同时叶组织内部酸化,pH 从鲜叶细胞质的近乎中性降到 5.1~6.0,与酶的最适 pH 相适应,使酶的活性增强。萎凋过程中芽叶因失水,使细胞原生质膜透性增加,各种酶因叶绿体的解体得以释放,与茶叶的多酚类、淀粉、蛋白质等物质接触,加速了酶促反应。

表6—19列出了多酚氧化酶与过氧化物酶活性随萎凋进程的变化。在萎凋开始阶段,多酚氧化酶活性上升的幅度比过氧化物酶大;萎凋初期,由于多酚类氧化产物醌的积累,对多酚氧化酶产生反馈抑制,故使酶活性反而降低;萎凋中期因细胞脱水,引起酶浓度的增大而导致多酚氧化酶活性出现第二次高峰(16h左右);萎凋后期由于酶蛋白本身的自解作用及前阶段所积累的醌产生抑制作用,故使酶活性再度减弱。

在萎凋开始时过氧化物酶的活性提高,参与多酚类化合物的氧化;至萎凋2h时过氧化物酶活性达到高峰;而萎凋12~20h期间过氧化物酶的活性急剧下降;萎凋后期因失水过多,使酶蛋白自解作用加强,导致过氧化物酶的活性进一步降低。

表 6-20 白茶在制过程中两种酶活性度的变化(%)

(程柱生,1984)

萎凋历时	开始	4h	8h	12h	16h	20h	24h	28h	32h	干燥
多酚氧化酶活性	100	334.4	190	251	373	283.3	140.5	184.3	155	0
过氧化物酶活性	100	146.6	208.9	438.9	240.1	193.8	193.5	187.4	143.8	0

萎凋是白茶色泽品质形成的关键工序,它需要多酚类化合物轻度而缓慢的氧化,而这种氧化是在多酚氧化酶及过氧化物酶的参与下完成的。因此酶活性的高低及其催化反应的强烈程度决定了白茶色泽品质的形成。而白茶萎凋中两种酶活性的高低受水分、温度、萎凋速度、摊叶厚度等综合因素的影响,其中温度的影响最为突出。在一定范围内,温度越高,酶的催化作用越强烈,但这恰恰是白茶色泽品质形成所不需要的,因多酚类化合物的强烈氧化,将导致白茶色泽产生红变;而在相对较低的温度(不超过30℃)下,可促使多酚类化合物在酶促作用下缓慢氧化,从而为白茶特有色泽品质的形成奠定物质基础。在白茶干燥过程中,由于叶温升高,使多酚氧化酶及过氧化物酶的活性全部丧失。

3.干燥对白茶品质形成的影响

传统白茶工艺为初制不炒揉,经长时间萎凋和阴干而成。自1968年起有创新白茶的加工工艺,具体流程:开青(摊青)—萎凋(自然、加温、复式)—并筛(走水)—(下篓)堆积—开堆(透气)—轻揉(不加压)—烘焙(定型)—毛茶(半成品)拣剔—复焙—成品茶。增加了轻揉工序使叶张略呈卷缩,增加烘焙工序减轻了产品青草气以凸显白茶清香风味。

干燥是白茶定色阶段,其主要作用是固定干茶品质、提升香气,同时去除多余水分,便于贮藏等。白茶干燥方式主要有烘干、晒干和风干三种。其中风干和晒干可减少叶绿素破坏,使白茶毫色发白银亮,但物质转化率较低,氨基酸和总糖量等化学品质成分低于烘干的茶样,成茶香气降低,且一般带有青气;烘干白茶,在热的作用下,其内质较优,但色泽不如风干,毫色容易发黄(陈椽,1984)[17]。现在,高级白茶(如白毫银针、特级白牡丹等名优茶)多采用焙笼烘焙干燥,中低级白茶采用烘干机干燥。

萎凋过程在糖苷酶的作用,鲜叶逐渐释放出香叶醇、芳樟醇等芳香物质,但干燥是白茶提高香气、增进滋味的重要阶段。由于高温的作用,在低沸点芳香物质正戊醇、异戊醇、青叶醇等挥发散失,芳樟醇、二氢茉莉内酯、顺茉莉内酯和α-萜品醇等中高沸点的香气成分成倍甚至几十倍增加,使白茶青草气减退,清香气显现。同时,在水热作用下糖与氨基酸、氨基酸与多酚类物质相互作用形成新的香气成分。这些新形成的芳香成分是构成白茶特征香气所不可缺少的物质基础。

(二)白茶加工主要化学成分的变化

1.多酚类物质含量的变化

白茶制造中多酚类物质将发生缓慢的氧化变化。在萎凋初期,萎凋叶还存在呼吸作用,这时多酚类物质的氧化还原尚处于平衡状态,因氧化所生成的少量邻醌又可为抗坏血酸所还原,因此此阶段没有次级氧化产物的累积;当萎凋18~36h后,细胞液浓度增大,多酚类物质酶性氧化加快,产生的邻醌进一步向次级氧化进行,从而产生有色物质。但白茶未经揉捻,酶与基质未能充分接触,因而多酚类的氧化缓慢而轻微,所生成的有色物质也少。萎凋中过氧化物酶催化过氧化物参与多酚类物质的氧化,产生淡黄色物质。这些可溶性有色物质与叶内其他色素综合构成了杏黄或橙黄的汤色及灰绿而具有光泽的外形色泽。

表6-20表明,随白茶萎凋进程,在制品中多酚类物质的含量逐步降低,当萎凋历时69h时,在制品中多酚类的含量比鲜叶减少了36.86%,其中在萎凋24~30h及36~48h期间出现了两个减少的高峰期。在制作过程中儿茶素各组分含量的变化如表6-21所示,在萎凋及干燥期间均以L-EGC、D,L-GC减少最多,而L-EC+D,L-C有较多的保留。由于儿茶素的部分氧化和异构化使儿茶素各组分的比例发生了深刻的变化,这种变化有利于减轻茶汤的苦涩味,因而使白茶滋味较为清醇。

表6-21 白茶萎凋过程中多酚类含量的变化

(施兆鹏,1997)

萎凋历时(h)	多酚类含量(%)	比鲜叶减少(%)	递补减量(%)
0	17.47	—	—
6	17.02	2.58	2.58
12	16.56	5.21	2.63
18	16.12	7.72	2.51
24	15.92	8.87	1.15
30	14.48	17.12	8.25
36	13.72	21.46	4.34
48	11.45	34.46	13
69	11.03	36.86	2.4

表6－22 白茶制造过程中儿茶素组分含量的变化

（施兆鹏，1997）

项目	鲜叶		萎凋32h			烘干毛茶		
	含量(mg)	保留率(%)	含量(mg)	保留率(%)	比鲜叶减少(%)	含量(mg)	保留率(%)	比萎凋叶减少(%)
L－EGC	36.7	100	8.61	23.46	76.54	1.83	4.98	78.74
D,L－GC	23.74	100	4.91	20.68	79.32	0.76	3.16	84.52
L－EC+D,L－C	24.32	100	10.51	43.21	56.79	7.59	21.12	27.78
L－EGCG	122.56	100	55.19	45.03	54.97	31.13	25.42	43.59
L－EGC	40.62	100	20.21	49.75	50.25	14.77	36.36	26.92
儿茶素总量	247.94	100	109.73	44.26	55.74	56.08	22.62	48.89

2.氨基酸含量的变化

白茶萎凋时因芽叶失水，蛋白质水解酶活性增强，使蛋白质趋向水解。因蛋白质水解为氨基酸，使萎凋初期氨基酸含量增加；萎凋开始时，鲜叶中氨基酸含量为5.58mg/g，经12h萎凋后氨基酸含量增至8.14mg/g；萎凋中后期，当叶内多酚类物质氧化还原失去平衡后，邻醌与氨基酸作用生成醛，为白茶提供香气来源，此阶段氨基酸含量下降，至萎凋48h时氨基酸含量降至7.07mg/g；只有当邻醌的形成被抑制后，氨基酸才有所积累，至萎凋60h时氨基酸含量增至9.97mg/g，72h时含量进步增至11.34mg/g；萎凋后期氨基酸的积累有利于增进白茶滋味的鲜爽度，同时也为干燥过程中香气物质的形成提供基质。在烘干工序，由于水、热作用促进蛋白质水解，会增加氨基酸含量，但加热会使部分氨基酸与糖类物质发生美拉德反应和脱氨反应以丰富白茶的香气成分。此时毛茶的氨基酸含量仍然比青叶的含量高。

3.咖啡碱含量的变化

白茶萎凋的咖啡碱含量趋于上升约10%，烘干过程的咖啡碱含量下降4.0%左右。白茶萎凋过程中咖啡碱的含量不断升高，可能是茶叶萎凋过程中，大分子核酸降解形成了许多腺苷酸和鸟苷酸，而它们又转化成黄苷酸和次黄苷酸，为咖啡碱的合成提供了嘌呤环，由于咖啡碱有遇热升华的特点，因此烘干过程咖啡碱含量下降。

4.糖类含量的变化

白茶萎凋前期，糖一方面因水解而生成，另一方面因氧化和转化而消耗，处于供给和消耗的动态平衡之中。当代谢所需的能量供应趋于停止时，糖的消耗减少。另外，淀粉水解产生糖类物质，糖苷类物质的水解生成的半乳糖，原果胶的水解作用继续，这些都是糖的来源。到了萎凋的后期，糖的生成大于消耗，糖得到积累。萎凋过程的可溶性糖处于生成和消耗的动态平衡中，若可溶性糖的来源多于消耗和转化，则总体表现增加，反之呈现减少。研究表明，白茶萎凋过程可溶性糖含量最高时期分别在自然萎凋的32～48h，含量最低峰在自然萎凋的56h。萎凋后期，由于萎凋叶失水严重，酶活性减弱，呼吸作用微弱，因此当糖的生成大于消耗，含量上升。

白茶可溶性糖总量较高，介于4.45%～7.64%（黄赟，2013）[18]，高于其他茶类，且与鲜叶相比有所增加，是白茶滋味甜醇的重要物质基础（蔡华春，2012）[19]。

5.色素物质的变化

白茶制造随萎凋进程，必须控制各种环境条件，以促使叶绿素等主要色素物质发生一系列缓慢的转化变化，而这些变化是最终构成白茶灰绿色泽的基本前提。研究表明，白茶萎凋前期，随叶内水分散失及细胞液浓度的提高，酶活性增强，这时叶绿素因酶促作用而分解。萎凋中后期叶绿素因醌的偶联氧化而降解；同时由于细胞液酸度的改变，使叶绿素向脱镁叶绿素转化；由于叶绿素b较叶绿素a相对稳定，故随萎凋进程，叶绿素a与b的比例逐渐降低。在干燥过程中（晒干或烘干），由于温度的作用使叶绿素进一步被破坏，如表6-22所示。而所有这些转化变化都必须控制一定的速度，只有在保证有一定的转化量而转化又不过重的前提下，才能使白茶正常的色泽品质得以形成。日本将积祝子等用色差计测定的结果表明，白茶制造中叶绿素向脱镁叶绿素的转化率为30%～35%，从而使叶色呈现灰橄榄色至暗橄榄色。

表6-23 白茶在制过程中叶绿素含量的变化

（陈椽，1989）

项目	鲜叶	萎凋		干燥			
		21h	36h	风干	晒干	先晒后烘	烘干
水分(%)	74.52	39.61	19.09	11.98	7.93	5.7	3.36
叶绿素a(%)	0.443	0.426	0.358	0.321	0.319	0.303	0.308
叶绿素b(%)	0.22	0.21	0.254	0.22	0.198	0.218	0.197
叶绿素总量(%)	0.663	0.636	0.612	0.541	0.517	0.521	0.505
叶绿素a:叶绿素b	2.02	2.03	1.41	1.46	1.61	1.39	1.56

除叶绿素及其转化产物外，还有胡萝卜素、叶黄素及后期多酚类化合物氧化缩合而形成的有色物质等也参与干茶色泽的形成，从而构成以绿色为主，夹有轻微黄红色，并衬以白毫，呈现出灰绿并显银毫光泽的白茶特有色泽，这是白茶的标准色。若萎凋时温度过高、萎凋叶堆积过厚或机械损伤严重，将使叶绿素大量破坏，暗红色成分大量增加，从而使色泽呈暗褐色（铁板色）至黑褐色；若萎凋时温度过低，芽叶干燥过快，叶绿素转化不足，多酚类化合物氧化缩合产物太少，则使色泽呈青绿色，这两种情况都属于不正常的色泽。

6.白茶白毫中的主要内含成分及含量

对于白茶来说，白毫显得尤为重要，是构成白茶品质特征的重要因子。它不但赋予白茶优美素雅的外形，也赋予白茶特殊的毫香与毫味。经分析表明，白毫内含成分丰富，其中氨基酸、咖啡碱的含量特别高。含毫量多的品种，如白云雪芽，其白毫含量可占茶叶干重的10%以上，如表6-23所示，如此多的白毫披复整齐有序，使白云雪芽产品呈现银光闪烁的外形色泽。

表6-23 白毫与茶身中主要内含成分的含量(%)

(施兆鹏,1997)

样品	水浸出物	氨基酸	茶多酚	咖啡碱	占茶叶干重
白毫	28.91	3.28	24.96	5.54	13.5
茶身	49.23	2.65	32.13	5.89	86.5
白毫	28	3.18	23.9	5.3	11.8
茶身	47.88	2.46	29.64	5.85	88.2

(三)白茶品质形成的实质

白茶萎凋过程中,淀粉在淀粉酶的作用下水解成单糖与双糖;果胶在果胶酶的作用下水解生成甲醇与半乳糖,蛋白质在蛋白质酶的作用下水解或多肽和氨基酸。随萎凋进程,糖一方面因氧化和转化而消耗,另一方面因淀粉水解而增加,在糖的生成与消耗的动态平衡中,其总量趋于减少,但到萎凋末期时糖的含量又有所提高,萎凋末期糖的积累有益于增进白茶滋味及干燥期间香气的形成。

白茶萎凋初期,芽叶失水,呼吸作用增强,叶内有机物的消耗得不到补偿,使干物质总量减少,在长达60h的萎凋中,干物质损耗率为4%~4.5%。

在并筛(或堆放)后,因微域温湿度升高,加速了内含物的相互作用,如可溶性多酚类物质与氨基酸、氨基酸与糖相互作用形成香气物质。同时,此阶段以邻醌氧化缩合为主导的多酚类物质的变化,对形成白茶浅淡、杏黄的特有汤色及醇爽清甜的滋味十分重要。

干燥是白茶提高香气、增进滋味的重要阶段,在此期间,由于高温的作用,发生了一系列有利于白茶香气品质形成的化学变化。如一些带青草气的低沸点醛醇类成分挥发和异构化,形成带青香的芳香物质;糖与氨基酸、氨基酸与多酚类物质相互作用形成新的香气成分。这些新形成的芳香成分是构成白茶特征香气所不可缺少的物质基础。

【复习练习题】

1. 乌龙茶制造过程的化学变化具有哪些特征?
2. 乌龙茶香气成分转化和形成的重要条件及显著特点是什么?
3. 乌龙茶品质成分种类基本在什么范围内?
4. 简述黑毛茶初制中微生物的变化。
5. 简述黑茶初制中主要滋味物质含量的变化。
6. 简述茯砖茶制造中微生物的变化。
7. 普洱茶品质风味形成的实质怎样?
8. 白茶制造中主要氧化酶活性有哪些变化?
9. 白茶制造中多酚类物质含量的变化怎样?

【参考资料】

[1]张杰,朱先明,施兆鹏等.湖南乌龙茶加工技术的研究:Ⅱ.品质形成机理[J].湖南农学院学报,1993(3):62—69.

[2]伍锡岳.论岭头单丛茶的蜜韵特征[J].广东茶业,2004(8):9—10.

[3]苗爱清,伍锡岳,庞式等.岭头单丛茶加工过程中香气变化研究[J].中国农学通报,2006(11):330—333.

[4]黄天福.武夷肉桂和安溪铁观音在制造过程中主要化学成分变化比较[J].安徽农业大学学报,1999,26(4):470—473.

[5]王增盛,施兆鹏,刘仲华等.论黑茶品质及风味形成机理[J].茶叶科学,1991,11(增刊):1—9.

[6]王增盛,张莹,童小麟,刘仲华.黑茶初制中茶多酚和碳水化合物的变化[J].茶叶科学,1991,1(增刊):23—28.

[7]王增盛,谭湖伟,施玲.黑茶初制中主要含氮化合物的变化[J].茶叶科学,1991,11(增刊):29—33.

[8]温琼英,刘素纯.黑茶渥堆(堆积发酵)过程微生物种群的变化[J].茶叶科学,1991.(11):9—16.

[9]刘仲华等.黑茶初制中主要酶类的变化[J].茶叶科学,1991(11):17—22.

[10]黄建安,刘仲华,施兆鹏.茯砖茶制造过程中主要酶类的变化[J].茶叶科学,1991,11(增刊):63—68.

[11]刘仲华,黄建安,王增盛.施兆鹏.茯砖茶加工中色素物质的变化与色泽品质的形成[J].茶叶科学,1991,11(增刊):76—80.

[12]王增盛,谭湖伟,张莹,施玲.茯砖茶制造中主要含氮、含碳化合物的变化[J].茶叶科学,1991,11(增刊):69—75.

[13]颜鸿飞,王美玲等.湖南茯砖茶香气成分的SPME—GC—TOF—MS分析[J].食品科学,2014,11(22):176—180.

[14]王华夫,李名君等.茯砖茶在发花过程中的香气变化[J].茶叶科学,1991,11(增刊):81—86.

[15]蔡新,张理珉,杨善禧等.地理标志产品:普洱茶.中华人民共和国国家标准GB/T 22111—2008.北京:中国标准出版社,2008.

[16]龚加顺,周红杰.云南普洱茶化学[M].昆明:云南科技出版社,2011.

[17]陈椽.制茶技术理论[M].上海:上海科学技术出版社,1984.

[18]黄赟.福建白茶化学成分与感官品质研究初报[D].福州:福建农林大学,硕士学位论文,2013.

[19]蔡华春.白茶品质形成研究概述[J].茶叶科学技术,2012(1):15—17.

项目七 茶叶存放的化学成分变化

【知识目标】

(1)了解茶叶品质劣变的原因和影响劣变程度的各种因素。

(2)掌握不同茶叶对贮存条件、包装的要求。

(3)掌握不同水分含量对高香型茶叶(绿茶、红茶、青茶和黄茶)品质的影响规律。

【技能目标】

(1)具备根据茶叶品质劣变的原因和影响劣变程度的各种因素,制定防止茶叶品质劣变的技术措施的能力。

(2)具备针对不同茶叶选定其贮存条件、包装方式的能力。

【必备知识】

茶叶存放时间过长,品质将会显著下降,香气、滋味失去新鲜感,汤色加深,并日趋陈化,这是人们所熟知的常识。尤其是含水量高的茶叶,在温湿度较高的条件下存放,品质劣变的速度更快。茶叶存放过程中,发生着一系列的化学反应,只有了解品质劣变的原因和影响劣变程度的各种因素,才能提出相应的技术措施,防止茶叶品质劣变。

一、茶叶存放过程中品质劣变的原因

引起茶叶品质劣变的原因是多方面的,茶类不同,内含物的变化又有所区别。茶叶在存放过程中由于吸湿,水分增加,茶多酚、抗坏血酸、类脂物质发生不同程度的氧化,氨基酸、叶绿素和香气成分转化成别的物质而减少,变化是很复杂的。

(一)茶叶含水量的变化

茶叶在存放过程中含水量的变化与包装情况、周围环境的相对湿度有很大关系。试验表明,无包装的茶叶堆放在不同的湿度条件下,含水量的变化是不同的。在相对湿度50%以下的条件下存放,茶叶含水量一般不会超过7%,当相对湿度在60%以上时,茶叶含水量升高迅速，很快达到8%左右，湿度越大含水量升高越快，如表7-1所示。

茶叶含水量不同，存放过程中品质劣变的程度差异是很大的。一般情况下，茶叶含水量越低品质劣变的速度越慢；含水量高的茶叶，在很短的时间内品质就会显著劣变。红茶和绿茶的情况都是如此，常温贮藏同样的时间，含水量越高的茶叶，品质下降幅度越大，两种茶叶的趋势是一致的，如图7-1所示。

表7-1　在不同相对湿度下存放时间与茶叶含水量的变化关系

相对湿度(%)	存放时间(天)					
	0	1	2	4	7	10
90	5.7	9.6	11.4	13.7	—	16.8
80	5.7	7.4	9.1	10.9	15.7	11.8
57	5.7	7.1	8.1	8.6	8.6	8.4
42	5.7	6	6.3	6.6	6.6	6.5
19	5.7	4.9	4.7	4.6	4.6	4.6
2.5	5.7	3	2.3	2	2	2

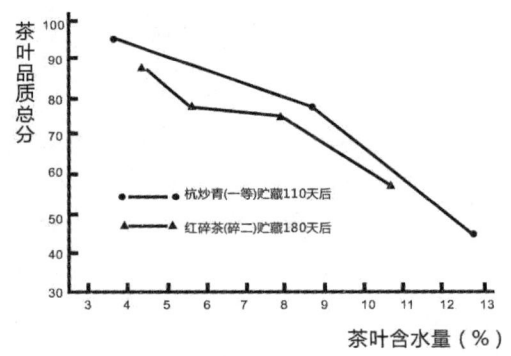

图7-1　不同含水量的茶叶常贮藏后品质变化的情况

(王月根、程启坤，1980)

有关干燥食品的理论认为，绝对干燥的食品各种物质暴露于空气中，容易遭受氧化。而当水分子以氢键和食品成分结合，呈单分子层状态存在时，就好像物质的表面蒙上了一层薄膜，起着一种隔离氧气的作用，物质的氧化就困难得多，因此这种含有单分子层水分的食品不易氧化变质，是较为稳定的。

研究结果表明，茶叶的单分子层水分含量约为3%，也就是说3%的含水量是保存茶叶的最适含水量。随着茶叶含水量增高，水分就成了化学反应的溶剂，水分越多，物质的扩散移动和相互作用就越显著，茶叶的变质也就越迅速。当茶叶含水量在6%以上时，茶叶的变质相当明显。因此要防止茶叶在贮藏中变质，必须在制茶时，将茶叶干燥至6%以下，最好控制在4%～5%的范围内。

(二)茶多酚的自动氧化、聚合

茶叶在贮藏存放过程中茶多酚的非酶氧化(即自动氧化)仍在继续,这种氧化作用虽然不像酶性氧化那样激烈和迅速,但是时间长了变化还是很显著的。尤其是含水量高的茶叶,贮藏过程中茶多酚的氧化减少更明显,贮藏温度高的,茶多酚下降幅度更大。如不同含水量的红碎茶贮藏后茶多酚的含量下降是十分明显的,如图7-2所示。

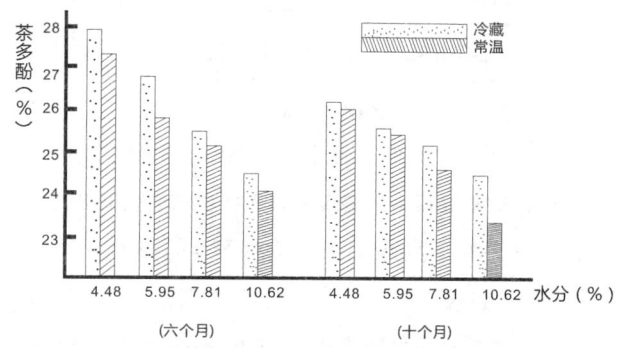

图7-2 不同含水量的红碎茶贮藏后茶多酚含量下降的情况

对红茶来说,茶多酚的含量决定着茶汤滋味浓强度的高低,茶多酚与红碎茶品质的相关系数高达0.92。对绿茶而言,茶多酚的适宜浓度有助于增进茶汤滋味的浓度和爽度。因此茶多酚含量下降是有损于茶叶滋味的,茶叶存放时间过长,滋味淡薄,失去鲜爽性,这都与茶多酚含量下降有关。

(三)高聚合物的形成和积累

含水量较高的茶叶存放时间过长往往汤色加深变暗,绿茶茶汤变成黄至褐色,红茶汤色和叶底都变得深暗。这是由于茶多酚自动氧化后生成的氧化物,易于和氨基酸、蛋白质等结合形成暗色的高聚合物。这种高聚合物的分子量较大,不能通过半渗透性的透析膜,所以又称为"非透析性色素"。这种色素溶于水的部分使汤色加深变暗。这种高聚合物积累过多时茶汤滋味淡薄,失去鲜爽性。

就红茶而言,一方面茶多酚的自动氧化会发生上述聚合反应,另一方面原来存在于红茶中的茶黄素也会在温度较高、湿度较大的情况下与氨基酸等进一步聚合,造成汤色、叶底变暗,存放时间越长、这种劣变情况越会加剧,如图7-3所示。

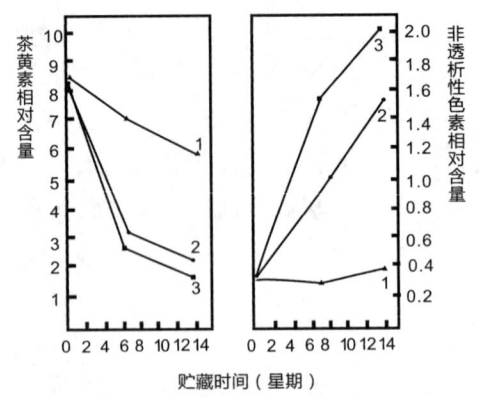

1.1℃,相对湿度76% 2.35℃,相对湿度56% 3.35℃,相对湿度75%

图7-3 红茶贮藏过程中茶黄素和非透析性色素相对含量的变化

据测定红碎茶贮藏过程中,由于高聚合物(茶褐素)的形成和积累,不仅茶黄素含量下降,茶红素的含量也同时下降,如表7-2所示,因此茶汤的亮度、浓度、鲜爽度都会降低。

表7-2 贮藏过程中茶黄素、茶红素、茶褐素的含量变化

（湖南省茶科所,1980）

贮藏时间	茶黄素(%)	茶红素(%)	茶褐素(%)
贮藏前	0.45	6.04	6.97
10天	0.283	5.64	7.71
60天	0.273	5.54	8.4
90天	0.25	4.44	8.68

红茶色素在贮藏中变化的程度与茶叶含水量有着密切的关系,随着茶叶含水量的增高,茶黄素随之下降、茶褐素随之增高,如图7-4所示。

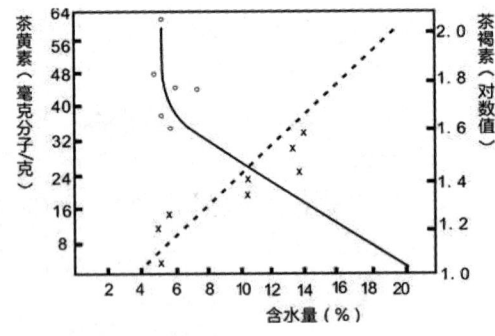

图7-4 不同含水量的红茶贮藏31星期后茶黄素、茶褐素的含量变化

×……×茶褐素 ○——○茶黄素

(四)氨基酸的减少

茶叶在存放过程中,由于氨基酸能与茶多酚自动氧化的产物结合形成暗色的聚合物;红茶

中的氨基酸还能与茶黄素、茶红素作用形成深暗色的聚合物;另外氨基酸在一定的温湿度条件下还会氧化、降解和转化。因此茶叶存放时间过长,氨基酸含量必然下降,尤其是在夏季温度高、湿度较大的条件下,上述反应更易发生。如不同含水量的红碎茶经不同时间贮藏后,氨基酸的含量变化如图7-5所示,含水量高达10%的茶叶在常温下贮藏,氨基酸大幅度下降。

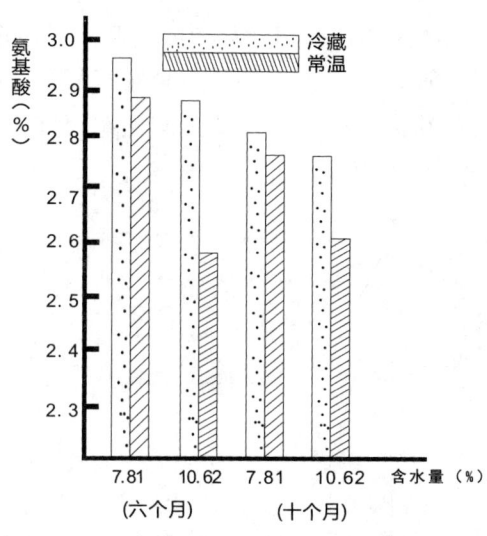

图7-5 红碎茶贮藏后氨基酸含量变化

贮藏条件不同,氨基酸的保留量是不同的,低温、干燥、防潮包装的条件下,氨基酸保留量较多,反之就保留较少,如表7-3所示。

表7-3 不同贮存条件下氨基酸的保留量(毫克%)

	包装	罐装	铝、聚乙烯复合薄膜	铝、聚乙烯复合薄膜	蜡纸包装	纸、塑包装
贮存条件	温度(℃)	常温	常温	30	30	30
	湿度(%)	常温	常温	90	90	90
	含水量(%)	5.28	5.11	5.16	13.55	13.21
天门冬氨酸		18	16	16	10	7
丝氨酸		9	11	8	4	3
茶氨酸		376	342	326	206	149
谷氨酸		18	17	16	9	7
精氨酸		6	6	6	4	3
其他氨基酸		15	15	19	12	9
氨基酸总量		442	407	391	245	178

注:贮藏31周后的测定结果。

(五)抗坏血酸的氧化

抗坏血酸是重要的营养物质,尤其是品质好的绿茶,抗坏血酸含量是很高的。茶叶在存放过程中,由于抗坏血酸的氧化作用,会使还原型抗坏血酸氧化成氧化型抗坏血酸。抗坏血酸氧化后,不仅营养价值下降,而且使绿茶的色泽和汤色发生褐变,因而品质下降。通常以成品茶中抗坏血酸的含量为100%,经贮存后,如果抗坏血酸的保留量低于70%,那么茶叶品质就明显下降了。日本绿茶(煎茶)常以抗坏血酸保留量来衡量茶叶品质的劣变程度。试验表明,茶叶含水量较低,包装的防潮、隔绝氧条件较好,贮藏温度较低的情况下,贮藏过程中抗坏血酸保留量较高,反之就下降较快,如图7－6所示。

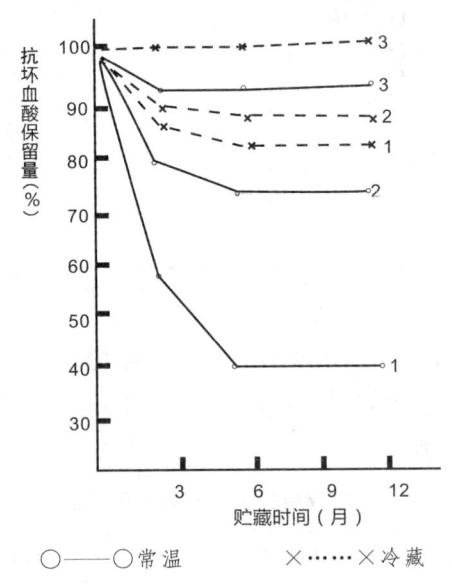

○──○常温　　　×┄┄┄×冷藏

1.普通罐贮藏　　2.卷边密封贮藏　　3.充氮贮藏

图7－6　不同贮藏条件对抗坏血酸保留量的影响

(六)叶绿素的变化

绿茶的色泽(包括干茶色泽和叶底色泽)物质主要是叶绿素,叶绿素保留量高,色泽翠绿。但叶绿素是一种很不稳定的物质,在光和热的作用下,易分解变色,不同光质作用不同,紫外线的作用最强。贮藏过程中,绿茶失绿褐变的另一个重要原因是转化成暗褐色的脱镁叶绿素。一般情况下,绿茶中叶绿素转化成脱镁叶绿素率在40%左右时,茶叶色泽仍然是很翠绿的,如果脱镁叶绿素的比例达70%以上时,就会出现显著的褐变。通常,含水量较高的茶叶在直接受光、温度较高的情况下,叶绿素的含量减少较快。

不同含水量的绿毛茶如杭炒青在常温下贮藏140天后,叶绿素的含量减少是相当明显的,毛茶含水量越高,下降幅度就越大,如表7－4所示。

表 7—4　不同含水量的杭炒青常温下贮藏 140 天后叶绿素的含量变化

（王月根等，1980）

茶叶等级	含水量（%）	叶绿素含量（%）		贮后含量减少（%）
		贮藏前	贮藏后	
一级二等	3.58	0.205	0.123	40.24
	8.61	0.205	0.097	52.68
	12.23	0.205	0.085	58.53
三级六等	3.57	0.222	0.135	58.54
	8.74	0.222	0.131	39.19
	12.02	0.222	0.099	40.99
六级十二等	4.26	0.192	0.085	55.41
	9.31	0.192	0.063	66.91
	11.76	0.192	0.06	68.71

（七）类脂物质的水解和氧化

茶叶中含有少量的脂肪等类脂物质，在贮藏过程中容易水解氧化，类脂水解后变成游离脂肪酸，某些游离脂肪酸的自动氧化会产生一些气味难闻的物质。如亚麻酸自动氧化后，产生的挥发性成分 2,4—庚二烯醛和丙醛，是陈味物质之一。据测定，茶叶在贮藏过程中游离脂肪的含量是不断增加的，而且贮藏温度高的其含量增加更快，如表 7—5 所示。

表 7—5　红碎茶贮藏过程中游离脂肪酸的含量变化

贮藏时间（星期）	贮藏温度（℃）	游离脂肪酸含量（微克/克）
6	17	91
13	17	120
19	17	575
6	35	392
13	35	372
19	35	1020

游离脂肪酸含量增加后，不仅香味显陈，汤色也会加深变暗，因此茶叶品质下降。据国外试验，随着茶叶中游离脂肪酸含量的增加，茶叶品质下降，卖价随之降低，如图 7—7 所示。

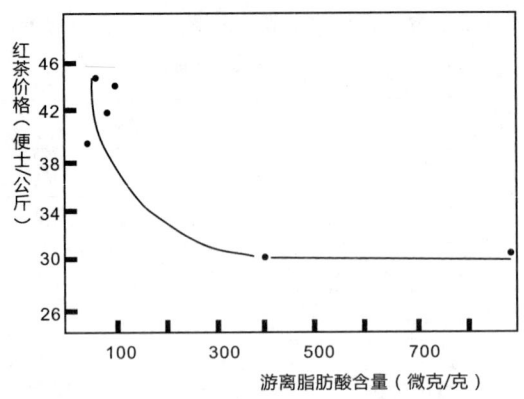

图 7-7 贮藏 6 星期后红碎茶中游离脂肪酸含量与茶叶卖价的关系

(八)香气成分的变化

茶叶存放时间过长,香气明显降低,失去鲜爽性,陈味显露。茶叶香气的降低,主要是很多具有新鲜芳香的物质含量显著下降的缘故。而且茶叶的含水量高,在贮藏温度高的情况下,香气物质的下降更明显。据测定,红茶贮藏 31 周后,含水量不同的茶叶,香气物质的含量差异是很显著的,如图 7-8 所示。

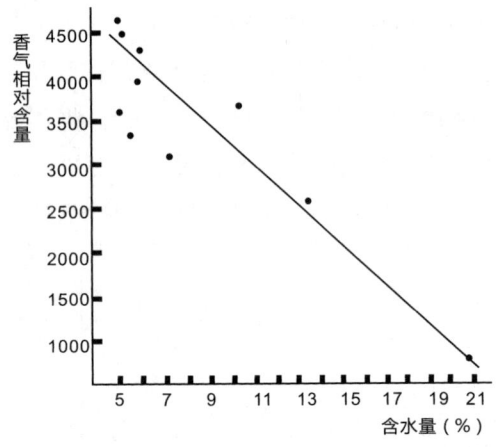

图 7-8 不同含水量的红碎茶贮藏 31 周后香气相对含量的变化

据日本试验资料,绿茶具有"新茶香"的成分主要是正壬醛、顺-3-己烯己酸酯和另外的一些未知成分。这些成分在贮存过程中含量明显减少,其中尤其是正壬醛在常温下贮存两个月后就大幅度下降,低温贮存的情况下稍好些。在茶叶贮存过程中新产生成分主要是戊烯醇、庚二烯醛、辛二烯酮、丙醛等。这些物质在新茶中是不存在的,随着贮存时间的延长,这些物质渐渐产生并增加含量,而且温度越高,产生和增加的速度也就越快。试验证明这些成分的增加,与绿茶香气的"失风"变陈有很大关系,如表 7-6 所示。

表7-6 绿茶(煎茶)贮藏过程中香气成分的变化

按鉴定的香气成分	贮藏前	5℃贮藏		25℃贮藏	
		2个月	4个月	2个月	4个月
1-戊烯-3-醇	—	—	55	32	94
新茶中含量较多的未知成分	59	38	33	16	13
顺-2-戊烯-1-醇	—	—	26	15	45
顺-3-己烯-1-醇	16	17	29	26	60
正壬醛	104	69	51	24	22
2,4-庚二烯醛	—	—	17	—	16
3,5-辛二烯-2-酮	—	—	14	12	17
芳樟醇(linalool)	100	100	100	100	100
1-辛醇	95	88	86	86	85
顺-3-己烯己酸酯	82	68	65	46	36
橙花叔醇(Nerolidol)	130	123	125	133	130

注:表中数值均以芳樟醇的气相色谱峰为100,各峰的幅度比。

同样地,红茶在贮藏过程中香气物质也有明显的变化,试验表明,红茶贮藏6周后,很多具有花香和果味香的成分显著下降,某些不良成分却有所增加。这种变化也是随着贮藏温度的提高而加剧,如表7-7所示。

表7-7 红茶贮藏6周后香气成分相对含量的变化

贮藏温度	贮藏前	4℃	17℃	35℃
苯乙醇	2	0	0	0
橙花醇+香叶醇	2	0	0	0
苯乙醛	51	40	29	10
反-2-己烯-1-醇	31	14	15	2
顺-2-戊烯-1-醇	57	36	32	0
反-2-己烯醛	278	174	143	12
异戊醇	82	8	10	7
甲醇、乙醇、丁醇	1820	1190	961	1275
甲酸乙酯、乙酯乙酯	160	663	753	515
正戊醇	2	45	55	56
其他香气成分	641	689	84	568
香气物质总量	3126	285.9	2582	2445

二、茶叶存放过程中影响品质的环境条件

已知茶叶品质的劣变是上述一系列物质进行各种化学变化的结果,任何化学反应与反应条件的关系是都十分密切的。影响茶叶品质劣变的主要环境条件是温度、湿度、氧气量、光线等。

(一)温度

通常情况下,温度高,反应速度加快。绿茶色泽和汤色的褐变,受温度的影响较大,实验结果表明,在一定范围内,温度每升高10℃,褐变速度要增加3～5倍。因此在有条件的情况下,采用冷藏是有好处的,10℃以下的冷藏就可抑制褐变的进程,－20℃的冷藏几乎能完全防止品质劣变。

(二)湿度

在无防潮包装或防潮效果不良的情况下,湿度过高,将促使茶叶含水量增高。相对湿度在50%以下,茶叶含水量变化不大,相对湿度达50%以上时,茶叶含水量将会随之显著升高。

茶叶吸潮后,当含水量达到6%以上时,各种与品质有关的成分递减的速度加快,品质的劣变速度也随之加快,绿茶与红茶的情况都是如此。以绿毛茶(三级杭炒青)为例,含水量升高,水浸出物、茶多酚、叶绿素含量都随之降低,如表7－8所示;红碎茶也是这样,含水量升高,茶黄素、茶红素、茶多酚、水浸出物都随之下降,但茶褐素却随之增高,如表7－9所示,因此成品茶的防潮是十分重要的。

表7－8 不同含水量的绿茶贮藏140天后若干成分的含量变化(%)

含水量(%)	水浸出物		茶多酚		叶绿素	
	贮前	贮后	贮前	贮后	贮前	贮后
3.57	37.95	35.6	18.41	15.90	0.222	0.135
8.74	"	35.3	"	15.43	"	0.132
12.02	"	34.55	"	15.53	"	0.099

表7－9 不同含水量的红茶贮藏90天后若干成分的含量差异(%)

(湖南省茶科所,1980)

含水量(%)	茶多酚	水浸出物	茶黄素	茶红素	茶褐素
3.44	11.44	32.4	0.31	5.41	7.8
6.33	10.45	31.71	0.28	5.48	8.21
8.67	9.2	31.15	0.25	4.44	8.68
12.16	9.54	30.05	0.25	4.96	10.34

(三)氧气量

空气中约含 20% 的氧气,氧气几乎能和所有的元素起作用而形成氧化物,茶叶在贮存过程中很多成分都能进行缓慢的氧化,这种没有酶参加的氧化作用称为自动氧化。茶叶中的茶多酚、类脂、抗坏血酸、醛类、酮类等物质都能进行自动氧化,氧化后的生成物,很多是对品质不利的。要防止物质的自动氧化,只能使茶叶绝氧,通常采取的办法是,茶叶包装在密封前,先去除空气,然后充入氮气。国内外试用的结果表明,充氮包装,保持品质的效果是好的。

(四)光线

光能促进植物色素和类脂等物质的氧化。叶绿素在光的照射下也很易分解褪色,紫外光又比可见光的作用更强。不仅如此,在光照下,茶叶中的某些物质发生光化反应,实验表明光照后茶叶中戊醛、丙醛、戊烯醇等增加,由此产生一种令人不愉快的异味(即日晒味),加速了茶叶陈化,所以贮藏室要防止光线直射、避免强光照,包装材料必须是不透光的。

综上所述,各环境因子对茶叶品质都有不同程度的影响,其中影响品质最大的因子是茶叶含水量,其次是温度、湿度和氧气量,因此含水量高的茶叶,在高温高湿下贮存,品质劣变的速度最快最剧烈。各主要因子对茶叶品质的影响,以水分和温度的交互作用影响最大。

【复习思考题】

1.茶叶在存放过程中有哪些物质变化?主要原因是什么?
2.影响茶叶品质劣变的主要条件是什么?怎样影响?
3.简述环境各因子对茶叶品质影响的程度。

项目八 茶叶理化测定实训

实验记录和实验报告要求：

实验记录是学习和进行茶叶生化实验的重要环节，实验报告是了解和考核学生对实验课学习情况的重要依据之一，必须严格按下列要求进行。

一、实验记录

学生学习茶叶生化实验课，必须备有专用记录本，以作课前预习、课堂听课和实验过程记录实验情况和结果等用，具体要求如下：

实验前预习：每次上实验课前，学生通过认真预习，将实验项目名称和实验原理、内容、步骤等，根据自己的理解，简要地写在记录本上，并在记录本上画好实验记录表格，同时写出实验准备工作项目。

教师讲解记录：实验课堂上教师对实验的有关讲解内容和要求，指出实验过程应注意的事项，学生应认真做好记录。

实验过程记录：记录内容包括实验材料的名称、等级、来源及用量；实验方法或操作要求、实验条件和时间、试剂用量及有关步骤等的修改与变动；实验中产生的正、异常现象和出现的问题；实验的结果和原始数据；主要仪器的型号、编号、重要试剂的规格、浓度等。

实验记录注意事项：

(1)记录本应按顺序编写页数，不能随意撕下。

(2)实验过程观察到的实验现象和分析数据，应及时地用记录本做好记录，不准用单页纸张、零碎纸片和实验指导书等作记录，记录时不能用铅笔。

(3)原始数据的记录必须准确、清楚，不得任意涂改和擦抹，但一时记错，可以简单划消重写。

(4)在一定条件下，实验产生的实验结果和现象，是实验方法的客观反映，记录时应实事求是，切忌夹杂主观因素。

(5)重量分析、容量分析、仪器分析等的测定数据,宜设计一定的表格形式进行记录,既条理清晰,又便于查核和作对照。

(6)记录原始数据应根据实验要求和仪器的精确度,注意有效数字。例如一个吸光度为 0.040 的数据,不能写成 0.04。

(7)重复观测的数据,如果是完全相同或有一定差异,都应如实记录,因实验记录的每一个数字,在仪器和操作正常情况下,都有实际意义。进行分光光度计测定时,一个样品的消光值,读数应有 2~3 次重复。

(8)实验数据的计算,也应写在记录上,以便检查、核实。

(9)发现记录的实际结果有怀疑或遗漏,实验必须重做。因不可靠的实验结果,会得出错误的实验结论,在实际工作中,可能会造成不应有的损失。

总之,学习茶叶生化实验,要养成做好各种实验记录的良好习惯,力求一丝不苟,培养严谨的科学作风。

二、实验报告

实验结束后,应及时整理和总结实验结果,写出实验报告后,按规定时间上交教师。实验报告要标明实验编号、名称和实验日期,供参考的基本格式及其要求如下:

(一)实验目的要求:概要叙述。

(二)实验原理:简述基本原理。

(三)实验材料:写明样品名称、等级、来源等。

(四)主要仪器设备和试剂:简列。

(五)实验步骤:用操作流程简图或自选设计的表格方式表示均可。

(六)实验结果:写明实验结果记录,并根据实验要求,将实验数据进行整理、归纳和计算,尽量总结成各种图表,进行必要的对比。

(七)分析讨论:内容包括对实验结果的评议及意义分析;对实验中出现的一些现象进行探讨;实验过程存在的问题及其原因;对实验方法的有关认识、体会或建议;实验课的改进意见等。

实验报告的重点是实验结果和分析讨论,其他方面也应认真写好。报告的书写要求整洁、有条理。如果发现抄袭他人实验报告,则取消该项实验成绩。

实训一　取样和样品制备

不同的茶树鲜叶、在制品和茶叶成品，具有不同的生化特性。通过样品分析，可以加以区别，并为茶叶品质等研究提供依据。但茶叶生化分析准确与否，首先取决于样品的代表性和样品制备方法的正确性。样品没有代表性，就失去了生化分析研究的意义；样品处理不当，将人为地造成样品的内含物差异，生化分析结果也没什么实际意义。因此，必须采用正确的取样方法和样品制备方法，保证样品既有充分的代表性，又能保持原有的生化特性。

一、取样

(一)鲜叶采样

采样标准：茶树栽培试验和品种等生化分析，一般要求采一芽二叶。留桩高度按一般生产上鲜叶采摘要求。

(二)注意事项

茶树新梢的生长状况，因季节、品种、栽培技术、自然条件、树龄等不同而有差异，在正常情况下，一般要求新梢生长到一芽四叶时采一芽二叶。但在干旱、低温季节，或者因气候异常、栽培水平较低等关系，茶树新梢还没有生长到一芽四叶时，往往已出现对夹叶，因此，新梢伸育过程采摘一芽二叶的合理时间，还须结合实际情况，以能保证不同时期采摘样品具有可比性为原则。

茶园大田采样要十分注意代表性，应多点采样，混合均匀。栽培或品种试验设重复小区，各重复小区分别采样后应充分混和。若需作重复小区差异比较，则不必混合。对照区与试验区的采样要求应完全一致。

每次采样应确定相同的时间，根据研究需要和分析项目、实验室工作安排等具体情况而定。一般在较短时间内完成的，可在早上采摘，当天完成分析。分析工作量在一天以上时，宜在下午采摘，作适当处理后留次日继续分析。

鲜叶采样数量，根据试验要求和分析项目需要量而定，作鲜叶主要成分分析，通常需鲜叶250～500克。如果鲜叶采摘量较大，混匀后用对角取样法缩少至所需数量（基本方法参考成茶取样中介绍）。

鲜叶采后应注意保持新鲜，防止紧压损伤，防止发热和太阳晒，并应尽快进行处理或分析，不能久放。如果进行芽叶含水量研究，采摘速度要快，盛样的容器应加盖，测定也要及时。鲜叶样品不能摊放在泥沙地和不干净的水泥地、实验台上，以防污染泥沙、灰尘、油污及杂质。

一个样品采摘后，应及时附上标签，写明采摘时间、品种试验处理或编号等。属栽培试验研究，每次取样还应有专用本子作较详细记录，包括研究项目、取样日期、地点、数量、天气、取样人及试验中有关情况，以作查考。

生产上已经采摘的一般鲜叶生化分析，取样也应注意均匀而有代表性，可参考以上有关方法与要求。

(三)在制品取样

在制品取样系指茶叶加工过程中的取样，又称半制品取样。茶叶加工过程中的样品，根据试验研究项目和内容，确定在不同工序或同一工序的不同时间进行取样。在制品因大小、整碎不一，取样必须均匀，应在叶堆或或叶层的不同部位多点取样，并充分混合均匀。因在不同工艺过程中，在制品的内含成分处于不断地产生生化或化学变化中，含水量也在不断减少。因此，重复取样应注意前后条件和时间的一致性，样品必须及时进行处理或测定。取样量视分析项目和在制品含水量情况而定，作茶叶主要成分分析，一般不少于200克。取样量太多时，可用对角取样法减少，操作应迅速。样品取后应附标签，并作必要记录。

(四)成茶取样

方法有以下几种：

对角取样法：将茶样倒入样盘或分样纸上，拌匀后铺成四方形薄层，按对角线划分成四部分，任取一对角，如此重复，直至取够所需样量。

直线复推法：经充分混和的样品，往复倒成一直线，然后任取其中一段或几段。

随机取样法：把样品倒在样盘或分样纸上，充分拌匀，然后随机多点取样。

分样器取样法：分样器类型各异，选用适于茶叶小样取样的一种，将样品倒入仪器中，重复多次、逐渐减少，直至取够所需样品数量。

成茶取样数量根据分析项目决定，若作茶叶主要成分分析，一般不少于100克。取样后应写标签，如果用铁罐装样，标签应有两张，外贴内放。样罐容积与样量体积应大体相当，或将样罐装满，减少罐内空气量，利于久藏。所有装样容器都应干净而不漏气。

二、样品制备

(一)主要设备

电热鼓风恒温干燥箱(0℃～200℃)1台，植物粉碎机1台，40目标准筛1只，直径30～40厘米铝制蒸锅1套，1000W电炉1只，150～250毫升棕色磨口广口瓶或茶叶罐一批，微型茶样烘干机等。

(二)鲜叶和在制品的处理

鲜叶和未经高温杀青的在制品,由于含有各种酶类,内含物在不断产生一定生化反应,如果不是马上用于分析,必须及时采用高温处理,在尽可能短的时间内使酶失活,终止生化作用,将样品中原有的化学成分固定、保存下来。再经进一步干燥、磨碎,制成可供生化分析的样品。

1.蒸汽固定法

(1)蒸青:蒸青是鲜样处理的中心环节,技术掌握应恰当。先在蒸锅中加入适量的水,加盖后加热煮沸。将鲜叶疏松地匀摊于多孔的蒸锅架上,放叶量不能太多,铺满蒸锅架即可。待蒸锅中的水沸腾产生足量的蒸汽时,打开锅盖,尽快将已摊鲜叶的蒸锅架放入蒸锅中,马上加盖,并开始计时。蒸青时间,视鲜叶的老嫩程度而定,一般嫩叶蒸2~3分钟,老叶蒸4~5分钟,茶籽和茎梗蒸10分钟(嫩茎可减少2~3分钟),茶根(切成0.5公分左右)蒸10~15分钟。在制品依原料老嫩、粗细,蒸2.5~5分钟,碎茶宜用热空气固定法。蒸青的放水量不能过多,防止沸腾时沸水与蒸青样产生接触。

(2)摊凉:蒸好的鲜叶或在制品,应立即抖散摊凉,切勿堆积,以免造成样品中产生某些物质变化。

(3)干燥:经摊凉后的蒸青样,放进温度为70℃~80℃的烘箱中烘干。上烘前期为使蒸汽尽快散失,可进行适当时间鼓风,待茶样六七成干时停止鼓风。干燥程度掌握含水量在6%以下。

(4)磨碎保存:样品磨碎用电动粉碎机或手摇磨碎机、研钵均可。磨碎样都应通过40目标准筛。机具使用前务必清理干净,并用少量样品磨碎后弃之,以作干洗。标准筛使用前用少量磨碎样洗筛,以除去筛上杂质,避免样品混杂。每次的筛面粗样,应再行粉碎,直至基本上全部通过40目标准筛。最后筛面上的极少量粗样,不得丢弃,应并入磨碎样中,然后将样品充分混和,装入棕色玻璃瓶或茶样罐,贴上标签(瓶、罐内也应放标签),用石蜡或透明胶纸封口,保存在低温干燥的地方备用。

2.热空气固定法(沸腾干燥法)

该方法是用功率较大的鼓风机,将热空气鼓入网状干燥室,茶样在热空气中呈现悬浮状态,达到迅速干燥的目的,所以称为沸腾干燥法。用此法干燥的样品内含物损失很少,同时干燥时间大大缩短,是一种值得推广应用的方法。中国农科院茶叶研究所改良后的CH-3型微型烘干机或类似产品,可用于此目的。使用时首先将烘干机预热到110℃,并打开风机,一次可投入样品100克左右。一般12分钟左右即可干燥。干燥后磨碎、保存同前法。

(三)成品茶和干样的样品制备

成品茶和干样的样品,应注意干燥度,如果含水量在6%以上,应在70℃~80℃烘箱中复烘一次,然后按上述方法将样品磨碎,过40目标准筛,装样保存。

实训二 茶叶含水量的测定

水是植物的天然溶剂并且参与了许多物质的组成,同时也是植物物质吸收运转的基础。鲜叶含水量的高低,集中反映了茶叶的老嫩度、品种的差异性及茶树的生理状态。成茶水分的高低,不仅直接影响销售价格,而且是贮藏过程中品质的关键影响因子,也是生化成分含量分析的基准,是茶厂生化管理以及出口检验的必测项目之一。

一、烘箱法

(一)原理

利用热的传导和对流作用,使茶叶表面的温度逐渐升高,由表及里,使茶叶的水分蒸发散失,直至干燥。

(二)主要设备

电热恒温干燥箱:0℃～200℃。
分析天平:感量0.001g。
烘盒:直径60mm或80mm,高24～28mm圆形铝盒,具盖。
干燥器:内盛有效的变色硅胶干燥剂。

(三)实验步骤

1.样品盒称重

分析前应先将样品盒洗净编号,连同盒盖一同烘干称重。方法:120℃烘干1小时后,置干燥器内冷却20分钟,然后称重。

2.称样

(1)鲜叶样:取经充分混和、有代表性样品,用托盘天平(感量0.1g)粗称10g,然后用不锈钢剪刀迅速剪碎(宽2mm左右),放入已知重量的铝盒中,随即加盖,再用分析天平准确称重(精确至0.001g)。

(2)干样:在分析天平上用已知重量的圆形铝盒称取磨碎样2～5g(精确到0.001g),轻轻振动,使试样摊干,加盖。样品均重复两份。(平行实验两次)

3.烘干

(1)103℃恒重法:将烘箱预热至103±2℃,样品盒放入后将盒盖打开,斜置盒边,关好烘箱,待温度回升至103℃时起计,干样烘4h,湿样烘6h。烘后加盖取出,置干燥器内冷却至室温后称重,再复烘1h后称重,如此反复操作,直至两次称量差不超过0.005g,即为恒重,以最小称重为准。

(2)120℃烘箱法:称量操作与103℃恒重法基本相同,先将烘箱预热至130℃,然后进样,待温度回升至120℃时开始计时,干样烘60min,湿样烘150min,烘毕加盖取出,置干燥器内冷却20分钟,然后称重。

(四)结果计算

1.记录表

样品名称		
烘盒号码		
烘盒重(克)		
烘盒加茶样重(克)		
烘前茶样重(克)		
烘后盒样重(克)		
烘后茶样重(克)		
水分(%)		
平均水分(%)		

2.计算公式

$$水分(\%) = \frac{烘干前样品重 - 烘干后样品重}{烘干前样品重} \times 100$$

(五)注意事项

水分测定的关键是取样均匀和天平的使用技术。烘干的样品很易吸湿,称量时应快速准确。

烘干样样盒不能用手直接去拿,特别是夏天,手上很易出汗影响测定值,必须戴上清洁干燥的纱手套。

烘样品时不能开烘箱鼓风机,以防烘箱中尘埃等掉入样盒内。

干燥器内干燥剂由蓝色变成白色时,应将干燥剂放入110℃烘箱中烘至全部变为蓝色时再用。

同一样品两次测定值之差,不得超过0.2%。

二、红外线测定法

(一)原理

利用红外线的辐射热,能迅速渗透到茶叶内部组织,使茶叶内部温度提高,从而使茶叶水分很快蒸发出来,达到迅速干燥的目的。

(二)主要设备

红外线水分测定仪,分析天平,干燥器。

(三)实验步骤

测定时将红外线灯距调节到一定高度(16.5cm 左右)。接通电源,将烘箱预热至 60℃左右,打开烘盒盖子,连同盖子一起放入烘箱中,关好拉门,将定时钟的分针拨至测定所需要的时间,一般干样烘 10min,湿样烘 25~35min。到时间后关闭电源,取出样品盒放入干燥器中,冷却 20min 后称重,称后再回烘 10min 并称重,一直重复测定至恒重为止。样品称重和结果计算及注意事项均参见烘箱法。

(四)作业

写实验报告。

实训三 茶叶水浸出物的测定

茶叶中能被沸水浸出的物质,统称为水浸出物。它包括茶叶中的许多重要物质如茶多酚、咖啡碱、氨基酸、水溶性果胶、水溶性糖类、水溶性色素、有机酸、水溶性蛋白质和部分无机成分及微量芳香物质等。水浸出物含量的多寡,直接关系到茶叶品质的优次,因此在茶叶出口检验、样品分析、品质鉴定等方面,均列为常规分析项目。

一、全量法

(一)原理

将能溶于沸水中的全部可溶物用沸水浸提,除去残渣,而后将水分蒸发、烘干,所余残留物即为水浸出物总量。

(二)主要设备

1. 电烘箱(电热恒温鼓风干燥箱)。
2. 分析天平:感量 0.001g。
3. 多孔电热恒温水浴。
4. 电炉、抽气泵(10～30升)。
5. 250mL 吸滤瓶及布氏漏斗配套。
6. 常用玻璃器皿。
7. 容量 80mL 蒸发皿。

(三)实验步骤

1. 实验前准备

分析前必须把所需器皿洗涤干净、烘干、编号。蒸发皿必须在 103±2℃ 电烘箱中烘 1h,取出后置干燥器内冷却至室温后称重(精确至 0.001g)。

2. 供试液制备

准确称取磨碎茶样 3g(精确至 0.001g),置于 500mL 三角烧瓶中,加沸蒸馏水 450mL(必须在水浴锅的水已沸时,才开始这一步),立即置于沸水浴中,浸提 45min,浸提期间每隔 10min 左右摇动一次,45min 以后趁热抽气过滤,残渣应以少量沸水洗涤 2～3 次,滤液转入 500mL 容量瓶中,待冷却后加水至刻度备用。

3. 取样

将滤液摇匀,以胖肚吸管取供试液 50mL,注入已预先烘干称重的蒸发皿中,在沸水浴锅上蒸干,然后小心移入 103±2℃烘箱中烘 3h 后取出,立即放进干燥器中,冷却至室温后称重。再复烘 1h,以同法取出冷却、称重,重复此操作,直至相继两次称量差不超过 0.001g,即为恒重,以最小称量为准。

(四)结果计算

1.记录表

样品名称		红茶磨碎样	
含水量(%)			
称样重(克)			
样品干物质(克)			
总溶液量(mL)			
吸取溶液量(mL)			
蒸发皿	编号		
	重量(克)		
烘干后皿和样重(克)			
水浸出物重(克)			
水浸出物(%)			
水浸出物平均值(%)			

测定日期:　　　　　　　　　　　测定人:

2.计算公式

$$水浸出物(\%) = \frac{水浸出物重量}{样品干物重 \times \frac{吸取溶液量}{总溶液量}} \times 100$$

(五)注意事项

1.在蒸干、烘干和称重过程中必须防止尘埃等落入蒸发皿中。
2.水浸出物很易吸湿,应尽快称重。
3.同一样品的重复分析误差不得超过 0.5%。
4.烘干时不能开烘箱鼓风机。

二、杯茶法

(一)原理

茶叶冲泡时,水温高低、用水量多少、冲泡次数等都对水浸出物的浸出量有很大影响。各种茶叶对一次浸出量又有不同的要求,红碎茶要求第一次浸出量越大越好,因为国外多数消费者饮用红茶时一般只进行一次冲泡,而条形绿茶,特别是各种名茶,一般都习惯于冲泡多次,因此要采用杯茶法。

(二)主要设备

审评杯碗、天平、水浴锅、容量60~80mL蒸发皿、50mL移液管、干燥箱等。

(三)实验步骤

每个茶样准备三套审评杯碗,每杯内放入3g茶样,加入沸水150mL,加盖冲泡5min后倒出茶汤,将三碗茶汤并入一个500mL烧杯内,混匀作供试液。

用移液管吸取50mL茶汤,放入已知重量的蒸发皿或100mL烧杯内,在沸水浴上蒸干。蒸干后在105℃干燥箱内烘4h,然后取出放在干燥器内冷却至室温,在分析天平上称重。

(四)结果计算

参见全量法。

(五)注意事项

杯茶法测定水浸出物是了解茶叶在冲泡条件下热水可溶物的浸出量,一次冲泡5min的情况下,一般只能浸出水浸出物全量的50%~60%。如果研究不同冲泡条件和次数对水浸出物含量的影响,可根据研究目的,适当改变上述泡茶条件进行测定。

三、比重瓶法(改良杯茶法)

(一)原理

杯茶法简化了全量法中的提取方法,但是烘至恒重仍相当费时,同时,由于采用5min定时冲泡,不同茶类浸出率并不相同,因此误差也较大。改良的杯茶法是用比重瓶取一定体积的冲泡茶汤称重后减去同体积的水重,并与全量法求得的水浸出物重量换算成一个系数,此后只要茶类相同,就可直接用比重瓶称取茶汤乘以系数后求出水浸出物总量。

(二)主要设备

50mL比重瓶,分析天平,水浴锅、烘箱、50mL移液管等。

(三)实验步骤

换算系数的测定和计算:测定水浸出物总量的茶汤按全量法制备,吸取50mL茶汤放在已知重量的蒸发皿中,在沸水浴上蒸干后称至恒重,得干物质量(D)。取同一茶样另用杯茶法制备茶汤,用50mL比重瓶量取50mL,得茶汤净重(A)。另一比重瓶量用50mL水称重,得水净重(B),按下式计算换算系数(C)。

$$换算系数(C) = \frac{D}{A-B}$$

求出不同茶类和等级的茶叶换算系数,就可用于日常测定。

茶样分析:按杯茶法制备茶汤供试液,每个茶样准备两只已知重量的50mL比重瓶(事先烘干称重)。一个比重瓶量取50mL茶汤,另一个比重瓶量取50mL水,在分析天平上称重。

(四)结果计算

$$水浸出物(\%) = \frac{(茶汤净重-水净重) \times 换算系数 \times \frac{茶汤总量}{称重液重}}{样品干物重} \times 100$$

(五)注意事项

每次称重都需准确,装入比重瓶的液量也需准确,不同的茶类按各自的换算系数计算。

(六)作业

写实验报告。

实训四 茶叶多酚类物质的测定

茶叶多酚类是茶叶特征性物质之一,它是由三十多种酚性化合物所组成的复合物。它们的组成和含量,与茶树生长、制茶工艺及成茶品质都有密切的关系。在茶叶生化研究工作中,茶叶多酚类是分析测定最多的成分之一,对于研究物质代谢和提高茶叶品质都具有十分重要的意义。

一、高锰酸钾直接滴定法(改进乐文泰尔法)

(一)原理

茶多酚易溶于热水中,在用靛红作指示剂的情况下,茶汤水溶液中能被高锰酸钾氧化的物质基本上都属于茶多酚类物质。根据消耗1mL 0.1N的高锰酸钾相当于5.82mg茶多酚的换算常数,计算出茶多酚的含量。

(二)主要设备和试剂

分析天平、水浴锅、酸式滴定管、大白瓷皿以及常用容量、吸量等玻璃仪器。

0.1%靛红溶液:称取靛红(GB)1g,加入少量水搅拌均匀后,再慢慢加入比重1.84的浓硫酸50mL,冷后用水稀释至1000mL,过滤后贮存于棕色试剂瓶中。

0.1N草酸溶酸:准确称取草酸($H_2C_2O_4 \cdot 2H_2O$)6.3034g,用蒸馏水溶解后定容至1000mL。

0.04N高锰酸钾溶液的后定溶及标定:称取AR的$KMnO_4$ 1.27g,用蒸馏水溶解后定容至1000mL,然后按下面方法标定:准确吸取0.1N草酸10mL放入250m三角烧瓶中(重复2份),加入蒸馏水50mL,再加入浓硫酸(比重1.84)10mL,摇匀,在70℃~80℃水浴保温5min,取出后用已配好的高锰酸钾溶液进行滴定。开始慢滴,待红色消失后再滴第2滴,以后可逐渐加快,边滴边摇动,待溶液出现淡红色保持1min不变即为终点(需25mL左右)。按下式计算高锰酸钾的当量数。

$$10 \times 0.1 = 耗用 KMnO_4 毫升数 \times N$$

$$N(KMnO_4 当量浓度) = \frac{10 \times 0.1}{KMnO_4 毫升数}$$

(三)实验步骤

准确称为磨碎干样3g置于500mL三角烧瓶中,加入沸水450mL,在沸水浴中浸提45min,每隔10min摇动一次,然后过滤、洗涤,定容到500m,即为供试液。取750mL蒸馏水于大白瓷皿中,加入 0.1%靛红溶液 25mL,再加入供试液 10mL,用已标定的 $KMnO_4$ 溶液滴定并不断搅拌,滴定速度约每秒钟一滴,溶液由深蓝色变为亮黄色即为终点。所耗用高锰酸钾毫升数为 A 值,为避免视觉误差可取平均值。然后用蒸馏水代替供试液,作靛红空白滴定,所耗用高锰酸钾毫升数为 B 值。

(四)结果计算

1. 记录表

	茶类					
	样品名称					
	样重(克)					
	含水量(%)					
	样品干物重(克)					
	茶汤总量(mL)					
	$KMnO_4$ 浓度(N)					
	测定					
滴定	茶汤 (A)	终点读数	I	II	I	II
		始点读数				
		实际值(mL)				
		平均(mL)				
	空白 (B)	终点读数				
		始点读数				
		实际植(mL)				
		平均(mL)				
	多酚类总量(%)					

测定日期: 　　　　　　　　　测定人:

2. 计算公式

$$茶多酚(\%) = \frac{(A-B) \times \dfrac{KMnO_4 \text{ 的 } N}{0.1N} \times 0.00582}{样品干物重 \times \dfrac{吸取溶液量}{总溶液量}}$$

样品干物重(g) = 样品重(g) × (1 − 含水量%)

注:$1mL 0.1N KMnO_4$ 相当于 5.82mg 茶多酚,即等于 0.00582g 茶多酚。

(五)注意事项

配制好的高锰酸钾溶液必须避光保存,使用前需重新标定。一般情况下,一星期标定一次。

滴定终点的掌握上以出现亮黄色为止,溶液颜色的变化是由蓝变绿,由绿逐渐变黄。在观察时,以绿色的感觉消失开始出现亮黄为终点。红茶的终点颜色为淡金黄色,绿茶和鲜叶的终点颜色为以黄为主的黄绿色。

制备好的供试液不宜久放,否则会引起茶多酚过多自动氧化,测定数值将会偏低。

二、酒石酸亚铁分光光度法

(一)原理

本法是根据酒石酸亚铁的亚铁离子能与茶多酚生成紫蓝色络合物。络合物溶液颜色的深浅与茶多酚的含量成正比,因此可以用分光光度法测定。该法可以避免高锰酸钾滴定法所产生的人为视觉误差。

(二)主要设备和试剂

水浴锅、分光光度计、三角烧瓶、容量瓶、吸管、滴瓶等。

酒石酸铁溶液:称取含7个结晶水的硫酸亚铁0.1000g和含4个结晶水的酒石酸钾钠5g(均精确至0.0001g),加水共同溶解后,用水稀释至1000mL。

pH7.5的磷酸盐缓冲液:预先配制以下两种溶液。

(1)1/15M 的 $Na_2HPO_4 \cdot 12H_2O$ 溶液:称取 23.877g 的 $Na_2HPO_4 \cdot 12H_2O$,加水溶解,稀释至1L。(若用无结晶水的盐时,只需称9.464g)

(2)1/15M 的 KH_2PO_4:在110℃烘箱烘两小时后称取 KH_2PO_4 9.078g,加水溶解并稀释至1L。

取(1)85mL 和(2)15mL 混合均匀,即为 pH7.5 的缓冲液。

(三)实验步骤

准确称取干茶磨碎样3g(精确至0.001g),置于500mL 三角瓶中,加沸蒸馏水450mL(为节省,可称取1.5g,250mL 三角瓶,225mL 沸水),放入沸水浴锅中浸提45min,中间搅拌2~3次,浸提后即过滤或抽滤,滤液冷却后用水定溶至500mL(样品1.5g者定溶至250mL)。吸取样液1mL 于 25mL 容量瓶中,加水4mL,加酒石酸亚铁溶液5mL,加 pH7.5 的缓冲液稀释至刻度,空白以蒸馏水代替供试样液。测定时用10mm 比色皿及波长540nm 测出吸光度 A 值。

(四)结果计算

1. 记录表

样品名称	
含水量(%)	
样品重(g)	
吸光度(A)	
平均(A)	
多酚类总量(%)	

测定日期：　　　　　　　　　　　测定人：

2. 计算公式

$$多酚类(\%) = \frac{A \times 1.957 \times 2}{1000} \times \frac{样液总量(mL)}{吸样液量(mL) \times 样品干物重(g)} \times 100$$

$$样品干物重(g) = 样品重(g) \times (1 - 含水量\%)$$

注：1.957 系用 10mm 比色皿，当吸光度等于 0.50 时，每 mL 茶汤中含多酚类相当于 1.957mg，吸光度等于 1.00 时，应为 1.957×2。

(五)注意事项

磷酸盐缓冲液在常温下容易生长霉菌，以冷藏为宜。

pH 的高低会影响测定结果，因此，不同样品的测定，缓冲液的 pH 均必须为 7.5。

同一样品的两次测定值之差，不得超过 0.5%。

酒石酸亚铁主要与茶多酚中的邻位羟基和连位羟基功能团呈色，对间位羟基和单羟基不呈色，而且与连位羟基的呈色能力比与邻位羟基的呈色能力强。由于不同种类茶叶的茶多酚组成不完全相同，对酒石酸亚铁的呈色反应会有所差别，因此，与高锰酸钾滴定法测定值之间有时会有差异。

本法适用于茶样中茶多酚的含量测定，测定茶多酚提取物中茶多酚的含量时，需用没食子酸乙酯标准物制作标准工作曲线，计算系数为 1.5。

(六)作业

写实验报告。

实训五 茶黄素、茶红素、茶褐素的测定

一、测定意义

茶黄素、茶红素和茶褐素都是茶多酚的氧化产物,茶黄素、茶红素含量高低与红茶品质密切相关,品质优良的红茶,具有较高含量的茶黄素和茶红素。茶褐素是造成茶汤发暗的成分,与品质呈负相关。

二、原理

茶黄素、茶红素和茶褐素均溶于热水,存在茶汤中,用乙酸乙酯可以从茶汤中把茶黄素萃取分离出来,但是有部分茶红素(SI型茶红素)也随之被提取出,这部分茶红素可利用其溶于碳酸氢钠溶液进一步分离除法。乙酸乙酯萃取茶黄素后,SII型茶红素和茶褐素留在水层。茶褐素不溶于正丁醇,茶汤用正丁醇萃取后,茶黄素和茶红素都转溶到正丁醇中,茶褐素留在水层。这样各成分分离后,可用分光光度计进行比色测定。

三、主要设备和试剂

分液漏斗(30mL,60mL),分光光度计,水浴锅,吸管,三角烧瓶,25mL容量瓶等。

乙酸乙酯,正丁醇,95%乙醇。要求GR级或AR级。

2.5%碳酸氢钠:称2.5g碳酸氢钠加水溶解后,定容至100mL。碳酸氢钠要求GR级或AR级。

饱和草酸溶液:气温20℃时,100mL水中可溶解10.2g草酸,可根据温度不同配制饱和溶液。

四、实验步骤

(一)供试液制备

准确称取3.00g茶样,加入沸水125mL,摇匀后在沸水浴中浸提10min,浸提过程摇瓶一次,浸提完毕,取出摇匀,趁热用棉花过滤于干燥的三角烧瓶中(残渣不需用水冲洗)。滤液浸放在冷水中冷至室温后,即可进行萃取和分光光度测定。

(二)萃取

摇匀供试液,吸取25mL放在60mL分液漏斗中,加入25mL乙酸乙酯,以大致每秒钟2次的速度振摇5min,静置分层后,分别放出水层而将乙酸乙酯层倒入具塞三角烧瓶中待用

(分层后的中间乳浊层弃去)。

(1)吸取乙酸乙酯层溶液2mL,放在25mL容量瓶中,加95%乙醇衡释至25mL,摇匀为溶液A。

(2)吸取乙酸乙酯层溶液10mL放在30mL分液漏斗中,加入2.5%NaHCO$_3$水溶液10mL,振摇30秒钟(注意振摇时间必须准确,不得超时,否则将造成茶黄素的损失)。静置分层后,立即放出NaHCO$_3$水层溶液并弃去,小心地把乙酸乙酯层溶液倒入具塞试管,取该乙酸乙酯溶液4mL,放在25mL容量瓶中,加95%乙醇衡释至25mL,摇匀为溶液C。

(3)吸取第一次用醋酸乙酸萃取所分出的水层溶液2mL,放在25mL容量瓶中,加入2mL饱和草酸溶液和6mL蒸馏水,并用95%乙醇稀释至25mL,摇匀为溶液D。

吸取茶汤供试液10mL,放在30mL分液漏斗中,加入10mL正丁醇,振摇3min,静置慢慢分层后,放出下面的水层。吸取该水层溶液2mL,放在25mL容量瓶中,加入2mL饱和草酸和6mL蒸馏水,并用95%乙醇稀释至25mL,摇匀为溶液B。

(三)比色测定

用分光光度计在380nm波长(或460nm波长下用10mm的比色皿,以95%乙醇作空白对照,分别测定A、B、C、D溶液的消光值E。在缺少721型或紫外线分光光度计的情况下,可用72型分光光度计,在460nm波长下测定。

五、结果计算

$$茶黄素(\%) = \frac{EC^{380nm} \times 2.25}{1-样品含水量\%}$$

$$或 = \frac{EC^{460nm} \times 2.25}{样品干物率}$$

$$茶红素(\%) = \frac{7.06(2E_A^{380nm} + 2E_D^{380nm} - 2E_B^{380nm} - 2E_C^{380nm})}{1-样品含水量\%}$$

$$或 = \frac{7.06(2E_A^{460nm} + 2E_D^{460nm} - 2E_B^{460nm} - 2E_C^{460nm})}{样品干物率}$$

$$茶褐素(\%) = \frac{7.06 \times 2E_B^{380nm}}{1-样品含水量\%}$$

$$或 = \frac{7.06 \times 2E_B^{380nm} \times 4}{样品干物率}$$

上述公式中2.25、7.06均为此操作条件下的换算系数。

注:4是换算系数,是可以校正的。

六、注意事项

不同规格的乙酸乙酯由于所含游离酸的不同,使用前需加等量的蒸馏水洗涤3~4次,除去其中的游离酸及其他水溶性杂质,以便实验条件一致。

除去茶黄素中茶红素(SI 型)时,使用的 $NaHCO_3$ 纯度要求较高,若其中含有一些 Na_2CO_3,使 pH 增高,实验时会使茶黄素氧化损失,故宜用 GR 纯品,并在使用的时候配制成溶液。

制备好的茶汤供试液必须放冷,否则影响色素成分的分配比例。

吸取茶黄素溶液时,注意要带入 $NaHCO_3$,否则加乙醇会出现紫色,影响比色结果。

A、B、C 溶液制备后,应立即进行比色测定,否则会影响结果。

茶黄素是以茶黄素没食子酸酯为代表,其在 380nm 和 460nm 处消光值之比,必须是 2.9∶1,如果过大,则表示茶红素的 SI 未被 $NaHCO_3$ 洗净。

红茶中茶黄素含量为 0.4%~2.0%,茶红素为 5%~11%,茶褐素为 4%~9%。

七、作业

写实验报告。

学习提纲

1.茶多酚类亦称"茶鞣质""茶单宁",是一类存在于茶树中的多元酚的混合物。主要分为四大类:儿茶素、黄酮类物质、花青素、酚酸。茶多酚对人体来说是抗氧剂(或者称自由基吸收剂)。

2.茶多酚及其氧化产物(茶黄素等)能与蛋白质结合而沉淀,遇含铁物质易反应形成绿黑色物质。因此揉捻机不宜用铁作材料。

3.儿茶素又可分为酯型儿茶素(复杂儿茶素)和非酯型儿茶素(简单儿茶素),儿茶素的组合和浓度,不仅构成苦涩味的主体,也是茶汤浓淡、茶叶优劣的主体物。酯型儿茶素(复杂儿茶素)味苦涩,非酯型儿茶素(简单儿茶素)味苦不涩。酯型儿茶素(复杂儿茶素)在萎凋、发酵(酶促或微生物作用)下会分解成非酯型儿茶素和没食子酸。儿茶素组分中 L-EGCG(表没食子儿茶素没食子酸酯)含量最大。

4.茶多酚与酒石酸亚铁反应,生成蓝紫色化合物,用作多酚类总量的测定方法之一。

5.茶树的红紫芽叶是花青素含量高的表现,对茶叶的叶底色泽、汤色及干茶色泽均有较大影响。

6.茶叶中的氨基酸的种类甚多,已发现的有 25 种以上,其中以茶氨酸、谷氨酸、精氨酸、丝氨酸、天冬氨酸的含量较高,尤其是茶氨酸占游离氨基酸的 70%。

7.茶氨酸是茶树中一种比较特殊的氨基酸,是茶叶的特征成分之一。茶氨酸具有类似味精的鲜爽和焦糖香气,对茶汤的滋味和香气都有良好的作用。在生理功效上有安神镇静、助睡眠作用。

8.在红茶的干燥工序中,氨基酸与邻醌缩合形成褐色物质,与红茶的外形色泽乌黑油润有关。

9.氨基酸与糖产生热化学作用——Maillard 反应(美拉德反应,糖氨反应),影响茶叶的色泽与香气。

10.利用咖啡碱的升华作用,并能形成针状结晶,味苦,可用于真假茶的鉴定,但茶叶加工中的烘温不能太高,否则易造成咖啡碱的升华而损失。咖啡碱(咖啡因)极易溶于热水,泡茶时前3泡基本上咖啡碱随茶汤溶出。咖啡碱是茶叶中醒神益思、利尿的物质。

11.咖啡碱参与(与儿茶素及其氧化物)形成的冷后浑络合物,具有鲜爽味,是红茶茶汤鲜爽度和强度的重要成分;红茶茶汤冷后浑结合物出现得快且多,则品质较好。

12.茶叶茶香可呈现为花香、蜜香、豆香、清香、毫香等,茶叶中发现鉴定的香气成分约700种,有醇、醛、酮、酸、酯、内酯、酚及其衍生物、杂环类、杂氧化合物、硫化合物、含氧化合物共十余大类。

13.二甲硫使绿茶具有特殊的新茶香,红茶中醛、酸和酯的含量最高。

14.色素是一类存在于茶树鲜叶和成品茶中的有色物质,是构成茶叶外形色泽,汤色及叶底色泽的部分,根据溶解性分为水溶性色素和脂溶性色素。

15.叶绿素总量依品种、季节、成熟的不同差异较大。揉捻和发酵,叶色黄绿的大叶种含量较低,叶色深绿的小叶种含量较高,是形成绿茶外观色泽和叶底颜色的主要物质。

16.红茶、乌龙茶对叶绿素含量的要求比绿茶低。

17.茶叶中的类胡萝卜素主要为胡萝卜和叶黄素两大类。胡萝卜素在高山茶中含量较多,制茶过程中可降解形成茶叶的香气成分。

18.茶黄素对红茶的色、味及品质起着重要的作用,是红茶汤色"亮"的主要成分、红茶滋味强度和鲜度的重要成分、形成茶汤"金圈"的主要物质,与咖啡碱、茶红素等形成络合物,温度较低时显出乳凝现象,是茶汤"冷后浑"的重要因素之一。

19.茶红素刺激性较弱,是构成红茶汤色的主体物质,对茶汤滋味与汤色浓度起极其重要的作用。参与"冷后浑"的形成。此外,还能与碱性蛋白质结合生成沉淀物存于叶底,从而影响红茶的叶底色泽。

20.茶褐素是造成红茶茶汤发暗、无收敛性的重要因素。其含量与品质呈高度负相关。红茶加工中长时过重的萎凋,长时高温缺氧发酵,是茶褐素积累的重要原因。

21.茶多糖含量与茶类及老嫩度有关,茶多糖随原料粗老程度的增加而递增。茶多糖是一种酸性糖蛋白,并结合有大量的矿质元素,称为茶叶多糖复合物,简称为茶叶多糖或茶多糖(Tea Polysaccharide)。茶多糖由茶叶中的糖类、蛋白质和果胶等物质组成,茶新梢的粗老叶中含量较高。

22.纤维素是植物界分布最广的一种多糖,是植物细胞壁的主要成分,其含量是茶叶老嫩的标志。在茯砖、康砖及普洱茶等特种茶加工中,由于微生物的大量繁殖,分泌大量水解酶,如纤维素酶分解纤维素成可溶性糖。

23.红茶加工的萎凋过程,揉捻、发酵原果胶酶活性提高,促使原果胶水解,水溶性果胶增加。绿茶加工中鲜叶摊放时原果胶酶促使原果胶水解成与纤维分离的可溶性果胶,杀青时在热的作用下,酸性提高能部分水解原果胶成可溶性果胶,这有利于揉捻中成形和外形油润,以及增加茶汤滋味甜味、香味和厚度。

24.光合作用旺盛,茶氨酸的分解代谢加速,其碳架积极参与多酚类或其他相关物质的代谢,因此大量累积了有机碳化合物,茶氨酸的累积相应降低。

25.适度遮荫可以削弱碳代谢作用,抑制茶多酚的合成;促进氮代谢作用,增加氨基酸、咖啡碱含量。光照强时,碳素代谢旺盛,儿茶素尤其是酯型儿茶素有最大量的积累,容易造成茶汤滋味苦涩。利用除去蓝紫光的黄色覆盖物,能促进茶树新梢的伸育,促进新梢伸长、增重,展叶数增多,叶面积增大,叶片稍薄而柔软,从而提高茶叶产量和品质(绿茶的色泽、滋味和新梢持嫩性都有显著增进)。

26.遮光处理后,促进蛋白酶的合成,提高多酚氧化酶的活性,提高红茶的品质。

27.茶树体内的氨基酸受温度的影响也表现在季节性差异上,如一芽三叶新梢氨基酸含量春季最高,秋季次之,夏季最低。

28.茶树是耐阴喜湿的多年生叶用作物,茶园水肥的多少直接影响茶树的生育与茶叶的产量和品质。

29.研究表明,多酚类和儿茶素含量随海拔升高而减少,氨基酸(如茶氨酸)则随着海拔的升高而增加。

30.高山云雾出好茶的原理:

(1)光照:云雾多,形成散射光,有利于光合作用,有利于有机物合成(可拓展如有利于叶绿素的形成)。高山多为蓝紫光,有利于氮代谢,从而提高氨基酸含量、芳香物含量,有利于绿茶品质。

(2)温度:日夜温差大,白天高温有利于有机物的合成,夜晚温度低,呼吸减弱,有利于有机物的积累(有机物如糖类、含氮化合物等的积累有利于转化成更多的单糖类、芳香物质等)。

(3)湿度:高山温湿度适中,有利于新梢伸育,新梢持嫩性强。

(4)土壤:高山的土壤多为岩石沙土,含腐殖质较多,生长出来的鲜叶氨基酸含量较高。

(5)无污染:高山远离污染源,植被生物多样性丰富,生态环境优越。

31.绿茶加工特点:利用高温杀青方式钝化酶的活性,使叶子基本保持绿色,最终保持清汤绿叶的特征。

32.酶蛋白分子的空间结构受高温作用,遭到不可逆转的破坏,从而完全丧失活性的一种酶现象,称为酶的失活。

33.绿茶杀青的原理:在不出现焦茶的原则下,采用高温迅速破坏氧化酶的活性,抑制鲜叶中的茶多酚等的酶促氧化;利用升温过程及相应的水分变化,促进鲜叶内含物发生一系列非酶性化学反应(如水解反应等)。

34.绿茶加工时杀青温度较低或时间较短,酶的活性没有完全被钝化,则有可能使酶蛋白复活,继而引起茶多酚的酶促氧化作用,形成大量茶黄素、茶红素等红色物质,于是出现红梗红叶。

35.叶绿素在茶叶加工中可发生水解作用、脱镁作用。水解:形成叶绿酸、叶绿醇和甲醇,形成绿茶汤色和滋味的重要物质。脱镁:形成脱镁叶绿素,使茶叶色泽黄暗,汤色混浊。

36.多酚类物质在绿茶制造过程中发生了异构、水解、氧化等反应,使成茶中多酚类总量下降、涩味降低、叶底嫩绿,促使绿茶品质的形成。

37.黄茶主要品质特点:黄叶黄汤,香气清悦,味厚爽口。闷黄过程对品质形成起主导作用的是湿热作用,酶的作用只是次要的。可分为三大类:黄芽茶、黄小芽、黄大茶。

38.红茶的主要品质特征:红汤红叶,可分为三大类——小种红茶、工夫红茶和红碎茶。

39.红茶是全发酵茶,其品质特征的形成取决于鲜叶所含化合物的种类,其中对红茶风味影响最为重要的是多酚类(尤其是儿茶素类)和PPO(多酚氧化酶)。在红茶制造过程中涉及多种酶的催化作用,特别是水解酶和氧化还原酶,它们对红茶品质的形成起了关键作用。

40.红茶萎凋、乌龙茶晒青工艺中,酶活性提高的原因:(1)因失水使叶细胞汁相对浓度提高,酶和底物的相对浓度增加,酶促反应加速。(2)与叶组织内部酸化有关,鲜叶细胞质的pH从近乎中性降到5.1～6.0,与酶的最适pH相适应,使酶的活性增加。(3)结合态的酶,部分转化为游离态。

41.红茶发酵过程中,乌龙茶做青中酶失活的原因:(1)多酚基质的减少,导致酶活性的降低;(2)发酵叶中有机酸的增加,pH降至5.0以下,使PPO丧失了最适pH条件;(3)多酚类的氧化产物与PPO结合形成不溶性复合物,使酶钝化失去了活性。

42.红茶发酵的实质:所谓红茶的发酵,就是在以多酚氧化酶为主体的催化下,利用空气中的氧,使多酚类物质产生一系列的氧化作用,形成各种氧化产物;与此同时,以多酚类的氧化还原为中心,推动其他有机物质的转化,形成红茶特有的色香味品质。

43.多酚类物质在红茶制造过程中复杂的变化大致可分为如下3个部分:(1)未被氧化的多酚类物质;(2)水溶性氧化产物,主要是TF、TR、茶褐素;(3)非水溶性产物。

44.一般TF>0.7%,TR>10%,TR/TF=10～15时,红茶品质较好。

45.乌龙茶属部分发酵茶,其发酵过程被控制在鲜叶局部(做青茶叶叶子边缘细胞破坏后,发生酶促氧化等)进行;品质特点:滋味浓厚爽口、汤色橙黄明亮,叶底"绿叶红镶边"。

46.乌龙茶晒青的综合作用:(1)提高酶活性,促进物质转化,为后续物质变化做准备;(2)增加水溶性物质的量,增进茶汤滋味;(3)减少青气成分,提高制茶香气;(4)减少苦涩味的多酚类物质,改善茶汤滋味。

47.乌龙茶做青叶的水分在叶片"退青与还阳"的反复过程中,通过"走水"促进物质的氧化、水解、合成等生化变化。

48.乌龙茶制造中香气的基本成分为:①脂质降解产物,如脂肪酸、低级醇和低级醛类;②偶联氧化产物,如β—紫罗兰酮、二氢海葵内酯;③糖苷水解产物及其转化物,如香叶醇、芳樟醇及其氧化物。

49.乌龙茶鲜叶原料不能太嫩也不能太老是什么原因?

(1)鲜叶太嫩,不适制乌龙茶:①醚浸出物含量低,形成乌龙茶香气的物质基础差;②多酚类、儿茶素的总量高，而且酯型儿茶素比例较大，不利于乌龙茶品质的形成；③幼嫩芽叶中氧化酶的浓度大，活性强，做青难控制；④嫩叶中单、双糖含量较低，影响品质的提高；⑤蛋白质含量高，制茶过程易消耗部分有效成分，降低制茶品质；⑥叶细胞壁纤维化程度低，做青时叶细胞组织易受伤，做青难掌握。

(2)鲜叶过于粗老也不适合制乌龙茶：①儿茶素总量低；②氨基酸含量少；③咖啡碱含量低；④水溶性果胶含量少；⑤纤维素含量高。

50.黑毛茶在渥堆过程中，霉菌用各种多糖作碳源，它们代谢的结果产生了大量的双糖和单糖，使酵母菌有了足够的营养，于是迅速繁衍。霉菌和酵母菌大量繁衍的结果，抑制了细菌的生长。

51.渥堆对黑茶品质的影响：促使粗老的鲜叶原料通过一定形式的发酵作用，形成叶色黑润、滋味醇和、香气陈醇、汤色红黄明亮的品质特征。

52.茯砖茶发花过程优势菌为冠突散囊菌(曲霉菌)；冠突散囊菌数目的多少直接影响了和决定了成品茶中"金花"的多少。

53.白茶根据采摘嫩度可分为白毫银针、白牡丹、贡眉和寿眉。白茶因成茶外表满披银白色的茸毫而得名，白毫的生化成分中含有较高含量的咖啡碱和氨基酸，较低含量的水浸出物品和茶多酚。

54.贮藏过程中，绿茶失绿褐变的另一个重要原因是转化成暗褐色的脱镁叶绿素。脱镁叶绿素的比例达70%以上时，就会出现显著的褐变。

55.影响茶叶品质劣变的主要条件是温度、湿度、氧气量、光线等。

56.为什么制作红茶时在鲜叶采摘方面对嫩度有较高要求？

制作红茶时在鲜叶采摘方面对嫩度有较高要求，是因为红茶的品质形成与多酚类物质的含量与酶的活性和氨基酸、咖啡碱含量密切相关，这些又与茶树新梢嫩度紧密相关。

①多酚氧化酶在幼嫩芽叶中活性较高，容易发酵形成更多的茶黄素。

②多酚类物质主要集中在茶树新梢的旺盛部分，且随新梢伸育度的提高，其含量逐渐下降。

③茶叶中的含氮化合物如氨基酸、咖啡碱在幼嫩新梢中含量较高，对制茶品质有积极影响。在红茶的干燥工序中，氨基酸与邻醌缩合形成褐色物质，与红茶的外形色泽乌黑油润有关。

57.红茶发酵过程中儿茶素被氧化示意图：

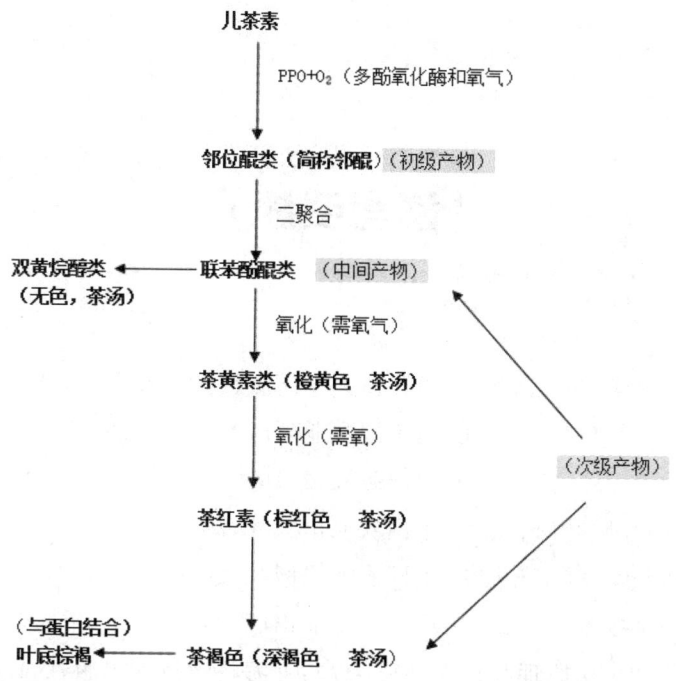

58.黑茶的氨基酸总量虽然呈下降趋势,为什么说它的营养价值仍然是提高的?

黑茶中人体必需氨基酸如赖氨酸、苯丙氨酸、亮氨酸大量增加,微生物代谢产生新的氨基酸。赖氨酸(Lys)干茶比鲜叶增加 8.5 倍,苯丙氨酸(Phe)增加 2.1 倍,亮氨酸(Leu)增加 5.1 倍。酵母菌在代谢过程中可以合成赖氨酸,而其本身又不能利用赖氨酸。

因此,氨基酸总量虽然呈下降趋势,但黑茶的营养价值却提高了。

59.黄茶制作过程中的杀青与绿茶的相同点和不同之处:

(1)黄茶杀青的目的和原理与绿茶基本相同。

①高温破坏酶的活性。

②消除鲜叶中的青草气。

③利用升温过程及相应的水分变化,促进鲜叶内含物发生一系列非酶性化学反应。

④蒸发部分水分,减少细胞膨压,便于揉捻成条。

(2)与绿茶杀青的不同之处。

①不要求迅速彻底破坏酶的活性,杀青锅温相对较低:黄茶杀青在 120℃左右;绿茶杀青一般在 220℃以上。

②杀青时间较短,黄茶为 3~5 分钟,绿茶为 5~8 分钟。

【参考资料】

[1] 顾谦等.茶叶化学[M].合肥:中国科技大学出版社,2002.
[2] 宛晓春.茶叶生物化学[M].北京:中国农业出版社,2016.
[3] 夏涛.制茶学[M].北京:中国农业出版社,2016.
[4] 江昌俊.茶树育种学[M].北京:中国农业出版社,2011.
[5] 骆耀平.茶树栽培学[M].北京:中国农业出版社,2015.
[6] 成洲.茶叶加工技术[M].北京:中国轻工业出版社,2017.
[7] 程启坤等.茶叶优质原理与技术[M].上海:上海科学技术出版社,1985.
[8] 周红杰,龚加顺.普洱茶与微生物[M].昆明:云南科技出版社,2012.
[9] 周红杰.云南普洱茶[M].昆明:云南科技出版社,2002.
[10] 龚加顺,周红杰.云南普洱茶化学[M].昆明:云南科技出版社,2011.